Hanns Bruno Geinitz

Carbonformation und Dyas in Nebraska

Hanns Bruno Geinitz

Carbonformation und Dyas in Nebraska

ISBN/EAN: 9783744655873

Printed in Europe, USA, Canada, Australia, Japan

Cover: Foto ©ninafisch / pixelio.de

More available books at **www.hansebooks.com**

Carbonformation und Dyas

in

Nebraska.

Von

Dr. H. B. Geinitz,

M. d. K. L.-C. A. d. N.

Mit fünf Steindrucktafeln.

Eingegangen bei der Akademie am 10. September 1866.

Dresden,

Druck von E. Blochmann & Sohn.

1866.

Inhalt.

1. Vorwort.

Professor Jules Marcou hat im Sommer 1863 mit Professor Capellini aus Bologna einen Theil von Nebraska bereist und hatte die Güte, mir
von Nebraska-City nachstehende Zeilen zugehen zu lassen:

„Nebraska-City (Nebraska), den 11. October 1863.

Ich schreibe Ihnen diese Zeilen aus der Mitte dyadischer Felsen
von Nebraska. Seit meiner Rückkehr nach Amerika habe ich die Absicht ge-
habt, die Dyas an den Rändern des Missouri zu erforschen; allein der Krieg
und verschiedene andere Verhältnisse hatten die Ausführung verhindert. Vor
meiner Rückkehr nach Paris im künftigen Sommer habe ich beschlossen, dies
nicht länger aufzuschieben, und seit drei Wochen mache ich geologische Excur-
sionen in Nebraska. Wegen des Bürgerkrieges konnte ich nicht nach Kansas
gehen, da dieser Staat durch Guerillas-Banden verwüstet ist. Aber hier findet
sich eine ausgezeichnete Dyas mit vielen wohl erhaltenen Fossilien vor,
von denen ich eine gute Sammlung zusammengebracht habe, welche ich hoffe,
behufs einer Veröffentlichung derselben, Ihnen nach Dresden zu schicken, wenn
Ihnen dies angenehm ist.

Von mehreren Localitäten habe ich genaue Profile angefertigt, indess
sah ich noch nicht die obersten Schichten, zu welchem Zwecke ich viel weiter

Preface

Prof. J. Marcou, who traveled in company with Prof. Capellini of Bologna in the Summer of 1863, in part of Nebraska, had the goodness to write me from Nebraska City as follows: —

"Nebraska City (Nebraska), Oct. 11th 1863

I write these lines to you from amidst the Dyas rocks of Nebraska. Since my return to America, I had intended to investigate the Dyas on the shores of the Missouri, but the war and other circumstances hindered me from doing so. Before my return to Paris, the last summer I resolved not to put it off longer, and for three weeks I have been making geological examinations in Nebraska. In consequence of the civil war, I could not visit Kansas, as this State is devastated by Guerilla bands. But here I find a well developed Dyas containing many well preserved fossils of which I have brought together a good collection, which I hope to send to you in Dresden, if it is agreeable to you.

From several localities I have made exact sections, in which I did not observe the upper layers, to see which one must go farther west. For this purpose the season is too late independent of the difficulties of traveling, as this territory is yet three fourths will tramp.

The inferior portion, with which I have made a more exact examination, is a marine formation, which corresponds with your Zimmersden section of the Rothliegende in Saxony; the middle portion approaches very nearly the Zechstein. I found here fossils as well preserved as those of the Zechstein formation of the

Special communications upon this geological trip, and especially on the relations of the stratification of the rocks there observed, were made by Prof. Marcou, in the session of the Geological Society of France in 1864 (June 15th), which appeared in the Bull. of the Geol. Soc. 2d ser. t. XXI, p. 132. For our present researches there are in this work two principal geological sections, which require close examination.

The Platte River says Marcou, p. 18, "opens with the Missouri 25 miles North of Nebraska City. Two miles below its mouth lies the town of Plattsmouth, one of the richest localities of Nebraska for the Lyas fossils. They are found everywhere in the vicinity of the town, in the Rail Road cuttings, but the first section is met with a half mile south from the town on the shore of the Missouri in the steep bank (Bluff) which is directed to the north and east. The strata incline 4–5° towards S.W.

westlich vorschreiten müsste. Dazu ist jedoch die Jahreszeit zu weit vor-
geschritten, abgesehen von den Schwierigkeiten des Fortkommens und Unter-
kommens, da dieses Territorium zu drei Viertheilen noch eine Wildniss ist.

Die untere Abtheilung, welche ich genauer kennen gelernt habe,
ist eine marine Bildung, die der limnischen Bildung Ihres Rothliegenden
in Sachsen entspricht, die mittlere Abtheilung nähert sich sehr dem Zechsteine. Ich fand hier Fossilien ebenso gut erhalten, wie in der Tertiärfor-
mation der Umgebungen von Paris oder in Italien.

Ich werde meinen Brief von Cambridge aus fortsetzen, indessen wollte
ich Ihnen diese wenigen Zeilen von Nebraska selbst schreiben, an der Seite
der Felsen der Dyas, die ich von den Fenstern meines Zimmers aus, in
Nebraska-City, der wichtigsten Stadt des Staates, erblicke.

Jules Marcou."

Speciellere Mittheilungen über diesen geologischen Ausflug und besonders über die Lagerungsverhältnisse der von ihm dort beobachteten Schichten
hat Professor Marcou in der Sitzung der geologischen Gesellschaft von Frank-
reich am 18. Januar 1864 gegeben, die im „Bulletin de la Société géol. de
France", 2e sér. t. XXI, p. 132, veröffentlicht wurden. Für unsere gegen-
wärtigen Untersuchungen bieten in dieser Abhandlung zwei geologische
Durchschnitte Hauptanhaltepunkte, wesshalb wir auf sie näher eingehen
müssen.

„Der *Platte River*, sagt Marcou p. 138, mündet in den Missouri
25 Meilen N. von Nebraska-City. 2 Meilen unterhalb seiner Mündung liegt
die Stadt Plattesmouth, eine der an dyadischen Versteinerungen reichsten
Localitäten von Nebraska. Man findet überall in den Umgebungen der Stadt,
namentlich in den Eisenbahneinschnitten Fossilien, doch trifft man den schönsten
Durchschnitt eine halbe Meile südlich von der Stadt, an dem Ufer des Missouri,
an dem steilen Ufer (Bluff), das sich nach N. und dann nach O. richtet.
Die Schichten fallen unter 4—5 Grad nach SW. ein.

1. Durchschnitt am Bluff von Plattesmouth.

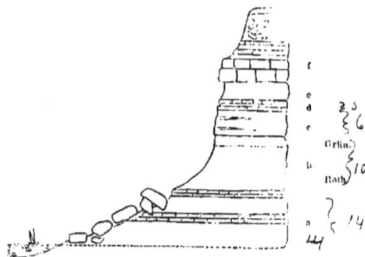

Im Niveau des Missouri bemerkt man inmitten einer Anzahl grosser, aus der Etage (f) herabgefallener Blöcke eines dolomitischen Kalksteins blauen schieferigen Thon (a), welcher einige 2—3 Zoll starke Platten eines eisenschüssigen Kalkes umschliesst. Fossilien sind in dieser, 15 Fuss über das Niveau des Flusses sich erhebenden Abtheilung nicht gefunden worden.

Die darauf folgende Abtheilung (b) besteht aus buntfleckigen Thonen von röthlicher und grüner Farbe, wobei roth in der unteren, grün in der oberen Partie vorwaltet, in einer Mächtigkeit von 10 Fuss. Versteinerungen kennt man darin nicht.

Die darüber lagernde, 6 Fuss dicke Abtheilung (c) besteht aus kalkig-sandigen, grünlich-grauen Thonen mit dünnen Kalkplatten, welche durch ihre mehr oder minder gut erhaltenen Fossilien einen wahren Muschelmarmor bilden. Brachiopoden herrschen darin vor, unter denen *Chonetes mucronata*, *Spirifer plano-convexus* (statt *Sp. Clannyanus*), *Athyris subtilita* (statt *Ter. subtilita*), *Retzia Mormonii* (statt *Ter. Mormonii*), *Productus* sp., *Spirifer* sp. und *Fusulina* sp. gefunden wurden.

Die nun folgende Abtheilung (d) ist nur 3 Fuss mächtig und besteht aus zwei lichtgelben, rauhen dolomitischen Kalkbänken, welche viele Versteinerungen umschliessen, besonders *Productus*, *Spirifer plano-convexus* und

At the level of the Missouri one meets among a number of large blocks of Dolomitic limestone, fallen from the stratum (f). A blue shaly clay, (a) which underlies some two to three inches of clay of layers of ferruginous lime. In these rocks, fourteen feet above the level of the Missouri fossils are not found.

The succeeding stratum (b) above, consists of variegated clays of reddish and greenish color, the red prevailing in the lower, the green in the upper part. It is ten feet thick, and no fossils have been detected in it.

The next overlying stratum (c), 6 feet thick, consists of calcareous arenacious, greenish gray clays, with thin layers of limestone, which from the more or less well preserved fossils contained therein form a true shell marble. Brachiopods predominate, among which are found Chonetes mucronata, Spirifer (?) camera-convexus (instead of S. Clannyanus), Athyris subtilita (instead of Terebratula subtilita), Retzia Mormonii (instead of Terebratula Mormonii), Productus sp. Spirifer sp. and Fenestina sp.

The next stratum (d), is only three feet thick, & consists of two light-yellow, rough, dolomitic benches, including many fossils, particularly Productus, Spirifer camera-convexus and Fenestina. Between the calcareous benches there is a layer three or four inches thick of marly clay of greenish gray color, quite filled with Fenestina.

Then follows the stratum (e) 5 feet in thickness, of somewhat shaly clay with few fossils. Upon this again is the stratum (f,) in which are thick benches of a yellow and gray dolomitic limestone, which include numerous fossils, as for instance, Pecten, Productus, Crinoid joints and Bryozoa. Particularly numerous are the large shelled Producti. The two benches of this stratum (f) are six feet thick project from the bluff, and from them break off large blocks, which tumble to the base, where they form a true Counterscarp. Above these are obscure gray clays and impurely colored limestone 9 feet thick. The whole is covered with Dolomite?

limestone last mentioned, with sand.

The Dolomitic limestone of stratum (f), at the top of the Bluff of Plattsmouth constitute the beginning of an extensive series, which at Rock Bluff, 8 miles south of the former place reaches 60 feet in thickness, and which appears as an intermediate member between the exposed layers at Plattsmouth, and Nebraska City. Marcou views the complex layers of Plattsmouth as the lower part of the Dyas, and those of Nebraska City as the upper, and places the whole series of Marine layers developed at Rock-bluff and Plattsmouth as parallel with our lower Dyas, (or inferior Rothliegende) of German and other parts of Europe, whereas the formation at Nebraska City he views as parallel with the upper Dyas (Zechstein and upper Rothliegende). We have only met with one Murchisonia from Rock bluff, represented in Pl. 1, fig. 16. A deeper level than the beds at Plattsmouth, is occupied by the limestone at Bellevue, Omaha, and Crescent cities, north from the mouth of Platte which Marcou, with other investigators have spoken of as a real Carboniferous limestone.

In regard to the position of these beds, they lie with an inclination of 8° west from the mouth of the Platte to near Bellevue.

Fusulina. Zwischen diesen Kalkbänken zeigen sich 3 — 4 Zoll starke, ganz mit *Fusulina* erfüllte Mergelthone von grünlich-grauer Farbe.

Dann folgen als Abtheilung (e) 5 Fuss schwarzer, etwas schieferiger Thon mit nur wenigen Versteinerungen, worauf man als

Abtheilung (f) dicke Bänke eines gelben und grauen dolomitischen Kalksteins antrifft, welcher zahlreiche Versteinerungen umschliesst, wie namentlich *Pecten, Productus, Crinoideen*-Glieder und *Bryozoen.* Ganz besonders häufig sind hier die grossschaligen *Producti.* Diese zwei ersten Bänke dieser Abtheilung (f) besitzen 6 Fuss Stärke, überragen den Bluff und stürzen in grossen Blöcken herab, die an seinem Fusse ein wahres Contre-Fort bilden. Oberhalb derselben zeigen sich graue Thone und gleichfarbige Kalksteine von 3 Fuss Mächtigkeit.

Das Ganze ist von Diluvial-Gerölle (Drift) oder einem alten Alluvium überdeckt, das aus einem Gemenge der Brocken des zuletzt erwähnten Kalksteins mit Sand besteht.

Jene unter (f) erwähnten dolomitischen Kalksteine auf der Höhe des Bluff von Plattesmouth bilden den Anfang einer mächtigen Reihe, welche bei Rockbluff, 8 Meilen südlich von hier, 60 Fuss Dicke erreicht und die ein Zwischenglied zwischen den bei Plattesmouth und bei Nebraska-City blossgelegten Schichten darstellt. Marcou betrachtet aber den Schichtencomplex von Plattesmouth als die untere Partie, jenen von Nebraska-City als die obere Partie der Dyas und stellt die ganze bei Rockbluff und Plattesmouth entwickelte Reihe mariner Schichten unserer unteren Dyas (oder unterem Rothliegenden) in Deutschland und anderen Ländern Europa's parallel, während bei Nebraska-City die obere Dyas (Zechsteinformation und oberes Rothliegendes) nach ihm vertreten sein würde. — Wir haben von Rockbluff nur eine *Murchisonia* kennen lernen, welche Taf. I, Fig. 16 abgebildet worden ist. — Ein tieferes Niveau als die Schichten von Plattesmouth nehmen die Kalksteine von Bellevue, Omaha-City und Crescent-City nördlich von der Mündung des Platte-Flusses ein, welche Marcou mit anderen Forschern als wirklichen Kohlenkalk angesprochen hat.

In Bezug auf die Lagerung dieser Schichten wird hervorgehoben, dass sie schon N. von der Mündung dieses Flusses an bis nach Bellevue mit einem Winkel von 6 Grad nach West einfallen.

2. Durchschnitt am Landungsplatze für die Dampfschiffe bei Nebraska-City.

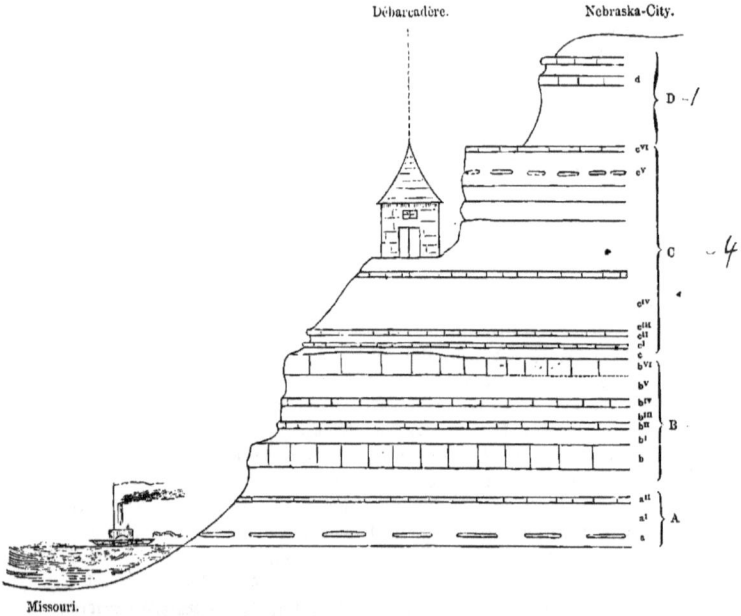

Débarcadère.   Nebraska-City.

Missouri.

Die Abtheilung (A), welche die Basis dieses Profils vom Niveau des Flusses aus bildet, besteht zunächst aus rothen, sandigen, glimmerführenden, etwas schieferigen Thonen, welche nach oben hin grün werden und in verschiedenen Niveaus schwache Platten eines rothen und grauen Sandsteins, sowie Nieren eines mergeligen Kalksteins enthalten mit schönen Exemplaren des *Productus Koninckianus* de Vern. Man sieht dieselbe 8 Fuss hoch aufgeschlossen.

Section at Nebraska City.

The bed (A) which forms the base of the profile at the level of the river, consists of a red sandy micaceous, and somewhat shaly clay, which towards the upper part becomes green, and at various levels contains laminae of a red and gray sandstone and also underlies a marly limestone, containing fine specimens of Productus Koninskii. The formation was seen to be 8 feet thick.

Further north on the Missouri, at a distance of 7 miles, this bed at Wyoming is better developed, and there reaches the thickness of 22 feet, and the deeper red clays are salt-bearing.

This part is succeeded by a prevailing calcareous bed (B) of 10 feet thickness which consists of a light yellowish, or light flesh colored dolomitic calcites which are very compact, exhibit an earthy fracture, and enclose numerous crinoidal stems. They interchange with light greenish marly clay which are easily crumbled. Likewise here, as in several other localities there is seen beneath the uppermost bench of this bed black clay, with black coal (l. g.) layers from 6 in. to three feet thick. In this bed there are noticed 4 calcareous benches of very variable thickness, in which besides the crinoids, which together compose a form of shell marble, one meets particularly with the large Spirifer cameratus, Morton, and at Wyoming the large Allorisma subcuneata, Meek & Hayden.

The bed (C) is distinguished not only through its thickness, reaching nearly thirty-four feet, but also from the great numbers of fossils it contains. The prevailing structure is marly with intermediate laminae of calcareous nodules, and 2 or 3 thin layers of a light gray limestone. Immediately above the thick crinoidal bench of the layer (B), is found a green clay with laminae from 1 to 2 feet thick of a light limestone containing Produc-

one much of the small varieties of *Terebratula elongata* and ~~difflata~~ Schlot.

Above the latter lies a plastic, variegate marly clay, in which a red color prevails, from 5 to 6 feet thick, the principal shelf for collecting numerous well preserved fossils, among which many agree exactly with known species of the zechstein formation. Particularly frequent are *Spiri- -fer planoconvexus* (instead of *S. Clannyanus*), *Chonetes mucronata*, M & H. an *Camarophoria globulina*. From these layers is also obtained *Cyathocri- -nus inflexus*, which Marcou had in another place, s. 137, compared with *Encrinites moniliformis*.

Weiter nördlich, am Missouri aufwärts, in einer Entfernung von 7 Meilen, ist diese Abtheilung bei Vyoming mächtiger entwickelt und erreicht dort 22 Fuss Höhe und es sind die nach unten hin liegenden röthlichen Thone salzführend.

Dieser Abtheilung folgt eine vorherrschend kalkige Abtheilung (B) von 10 Fuss Mächtigkeit, welche aus licht-gelblichen oder licht-fleischfarbenen dolomitischen Kalken besteht, die sehr fest sind, einen erdigen Bruch zeigen und zahlreiche Crinoideen-Stiele umschliessen. Sie wechseln mit licht-grünlichen Mergelthonen, welche leicht zerbröckeln. Sowohl hier als an mehreren anderen Localitäten zeigen sich unterhalb der obersten Bank dieser Abtheilung schwarze Thone mit Schwarzkohlen- *(houille grasse)* Lagen von 6 Zoll bis 3 Fuss Stärke. Man zählt in dieser Abtheilung vier Kalkbänke von sehr verschiedener Dicke, worin man ausser jenen Crinoideen, die einen förmlichen Muschelmarmor zusammensetzen, besonders dem grossen *Spirifer cameratus* Mort. und bei Vyoming der grossen *Allorisma subcuneata* M. & H. begegnet.

Die als (C) unterschiedene Abtheilung ist nicht allein durch ihre fast 34 Fuss erreichende Mächtigkeit, sondern namentlich durch die grosse Anzahl der hier gefundenen Versteinerungen am wichtigsten. Sie ist vorherrschend mergelig mit Zwischenlagen von einigen Kalknieren und 2—3 schwachen Schichten eines licht-grauen Kalksteins. Unmittelbar über der starken Crinoideen-Bank der Abtheilung (B) findet man einen grünen Thon mit 1—2 Fuss starken Schichten eines lichten Kalksteins, worin der kleine *Productus Orbignyanus* de Vern. und *Spirifer laminosus* Mc Coy nebst *Athyris subtilita* Hall, in der kleinen an *Terebratula elongata* und *sufflata* Schloth. am meisten erinnernden Varietät.

Darüber lagern plastische buntfleckige Mergelthone, in welchen die rothe Farbe vorwaltet, von 5—6 Fuss Mächtigkeit, der Hauptfundort für zahlreiche, wohl erhaltene Fossilien, unter denen viele genau mit bekannten Arten der Zechsteinformation übereinstimmen. Besonders häufig sind darin zugleich *Spirifer plano-convexus* Shum. (statt *Sp. Clannyanus*), *Chonetes mucronata* M. & H. und *Chonetes glabra* Gein. Auch stammt aus diesen Schichten *Cyathocrinus inflexus* Gein., welchen Marcou a. a. O. p. 137 mit *Encrinus moniliformis* vergleicht.

Diesen plastischen Mergelthonen folgen nach oben hin sandige, oft etwas
schieferige Mergel, buntfleckig, grün, grau oder bläulich mit vorherrschen-
dem Roth, worin hier und da nierenartige Kalkplättchen von blau-grauer Farbe
angetroffen werden, welche *Productus Flemingi* Sow. (statt *Pr. Prattenianus*),
Orthis crenistria Phill., *Murchisonia, Bellerophon carbonarius* Cox (statt
Nautilus), *Avicula (Monotis) speluncaria* Schloth. etc. umschliessen.

Eine blaue mergelige Kalkschicht von 6 Zoll Stärke mit zahlreichen
Versteinerungen, unter denen besonders *Schizodus rossicus, Sch. truncatus* und
Sch. obscurus hervorzuheben sind, bildet den Schluss der als (C) unterschie-
denen Abtheilung.

Unmittelbar im Niveau des Daches der *débarcadère,* hinter derselben,
findet sich eine kleine Plateforme, die durch jenen blauen Kalkstein an der
Decke der Abtheilung C wie gepflastert erscheint. Darüber lagern die zur
Abtheilung (D) gehörenden grauen Thone von 10 Fuss Mächtigkeit, ohne Versteinerungen. Dann folgt eine $2^1/_2 - 3$ Fuss starke Platte eines lichtgelben,
feinkörnigen und leicht zerreiblichen Sandsteins, welcher zahlreiche, noch un-
bestimmte Pflanzenreste umschliesst, unter denen wir nur Fiederchen einer
Odontopteris oder *Cyclopteris* neben Abdrücken von Farrenstengeln (weder *Zamites* noch *Walchia*) zu unterscheiden vermochten. Ein gelblicher thoniger
Sand von 4 Fuss Mächtigkeit trennt diese Platte von einer andern ähnlichen,
jedoch nur 1 Fuss starken Sandsteinplatte, womit die Abtheilung (D) hier ihr
Ende erreicht.

Alles wird von geröllführendem Sande des älteren Alluvium oder der
Quartärzeit überlagert.

Die schon oben angedeuteten Ansichten Professor Marcou's über das
geologische Alter der hier beschriebenen Schichten sind durch einen anderen
ausgezeichneten Forscher in der Dyas oder permischen Formation Nordamerika's,
F. B. Meek[1]), bekämpft worden. Hiernach würden alle diese von Marcou

---

[1]) F. B. Meek, Remarks on the Carboniferous and Cretaceous Rocks of Eastern
Kansas and Nebraska, and their relations to those of the adjacent States, and other localities
farther eastward; in connection with a review of a paper recently published on this subject
by M. Jules Marcou, in the Bulletin of the Geological Society of France. (Silliman &
Dana, American Journal, 2. Ser., Vol. 39, p. 157—172, 1865. — Vergl. Leonhard und
Geinitz, neues Jahrb. 1865, p. 498.)

Above these plastic marly clays follow arenaceous, often somewhat shaly marl, varigated, green, gray, or bluish with red prevailing, and in which here and ~~is which here and~~ there nodular calcareous plates of a bluish gray color are to be met with, which enclose *Productus flemingii* (instead of *P. Protoenianus*), *Orthis crenistria*, *Phill. Murchisonia*, *Bellerophon carbonarius* Cox (instead of *Nautilus*), *Avicula* (*Monotis*) *Speluncaria*.

A blue marly ~~clay~~ calcareous layer, of 6 in. thick, with many fossils among which are particularly to be mentioned *Schizodus rossicus*, *S. trimeatus*, and *S. obscurus*, complete the series of the bed (C).

Immediately on a level with the roof of the wharf-boat, and it there is a little plattform, which ~~differs~~ appears paved with blue limestone, forming the covering of the bed (C).

Thereupon lies the bed (D), of gray clay, 10 feet thick, and without fossils. Then follows a 2½ to 3 ft. thick layer of light yellow, finely granular & easily crumbled sandstone which contains numerous undetermined remains of plants, among which we are only able to distinguish frondlets of an *Odontopteris* or *Cyclopteris*, with impressions (neither *Zamites* nor *Walchia*). A yellowish clayey sand 4 feet thick separates this layer from another similar sandstone layer, which is only 1 ft. thick, and completes the bed D.

The whole is overlaid an older alluvior gr quaternary. The already above mentioned views of Prof Marcou upon the geological age of the beds here described, are disputed by another distinguished investigator of the Dyas or Permian formation of America. According to the latter, all the rocks referred by Marcou to the Dyas, are to be considered *as the* of Carboniferous formation, and only some of the highest layers? in the vicinity of Nebraska City

portion of this Dyas (or Permian formation), first discovered by Meek and Hayden in 1858-9, is to be found in the interior of the country.

The collection of fossils obtained by Prof. Marcou in Nebraska were sent from Cambridge, Mass, 18th day 1864 and reached Dresden safely. I cannot be thankful enough to Prof Marcou, and also to Prof Agassiz for submitting to my examination, this highly interesting material, especially to the latter am I indebted, as all the material belongs to the celebrated Zoological Museum of Comparative Zoology founded and directed by Prof. Agassiz.

Other pressing literary labors have retarded the present work to the summer of 1866, and the return of the specimens did not occur until the september following. The figured specimens of course had to go with the principal collection, but I have been allowed to retain duplicates for the Royal mineralogical Museum of Dresden. This it is to be hoped may be noticed by our many respected colabors, as the fossils of the American Dyas, being as yet to the greatest rarities in the European Museums. We have besides, to thank Prof. Dana of New Haven, for a series from Kansas, which also will be mentioned with attention in the following pages. This appears the more important, as by this means we have been able to establish the identity of Avicula speluncaria, with Monotis Hawni of the Americans; as is the case also with other european and American Zechstein species; and as certainly many with ourselves regret that yet so far of the described fossils of the Permian beds of America are illustrated with figures. The latter fact not only renders comparisons with the similar species difficult, but not unfrequently quite impossible. I hope these circumstances will be taken into consideration when some of the species considered as new in this book, may probably be found so when described in American works, or if in the synonymy in all cases the proper position of a species has not been made, though I have attempted to act circumspectly in both directions.

zur Dyas gerechneten Gesteine zur Steinkohlenformation (oder Carbonformation)
zu rechnen sein und nur einige der höchsten Schichten-Ausstriche in der Nähe
von Nebraska-City können, nach Meek, allenfalls zur Dyas gehören, während
die Hauptlager der von Meek und Hayden 1858—1859 zuerst entdeckten
Schichten der Dyas (oder der permischen Formation) im Innern des Landes
zu suchen sind.

Die uns in Aussicht gestellte Zusendung sämmtlicher hierbei in Frage
kommenden, von Professor Marcou in Nebraska gesammelten Versteinerungen,
erfolgte von Canfbridge, Massachusetts, aus am 18. Januar 1864 und hat
Dresden bald darauf glücklich erreicht.

Ich kann für das ehrende Vertrauen, womit mir dieses höchst interessante
Material zur näheren Bestimmung anvertraut worden ist, sowohl gegenüber
Professor Marcou, als auch Professor L. Agassiz, nicht dankbar genug
sein, dem Letzteren insbesondere, als das gesammte Material dem durch
Agassiz begründeten und dirigirten berühmten Museum für vergleichende
Zoologie in Cambridge gehörte.

Andere dringende literarische Arbeiten haben diese Bearbeitung bis in
den Sommer 1866 verzögert und es konnte die Rücksendung der hier beschriebenen Arten erst im September d. J. erfolgen. Selbstverständlich haben
sämmtliche hier abgebildete Exemplare bei der Hauptsammlung verbleiben
müssen, während mir wohlwollend gestattet worden ist, Duplicate davon für
das Königl. mineralogische Museum in Dresden zurückbehalten zu dürfen.

Es wird dies Vielen unserer geehrten Fachgenossen zu vernehmen er-
wünscht sein, da Versteinerungen aus der Dyas Amerika's bis jetzt in den
Museen Europa's noch zu den grössten Seltenheiten gehören, wir aber ausserdem
auch der besonderen Güte des Professor J. Dana in Newhaven eine Reihe derselben aus Kansas verdanken, auf welche im Nachfolgenden gleichfalls mit
Rücksicht genommen worden ist.

Dies schien um so wünschenswerther zu sein, als hierdurch die Identität der *Avicula speluncaria* mit *Monotis Hawni* der Amerikaner, sowie einiger
anderen europäischen und amerikanischen Zechsteinarten festgestellt werden
konnte, und als gewiss sehr Viele mit uns nur bedauern konnten, dass noch
so wenig der aus den permischen Schichten Amerika's beschriebenen Fossilien
durch Abbildungen erläutert worden sind. Dies erschwert nicht nur die Vor-

gleichung mit den europäischen Arten, sondern macht eine solche nicht selten geradezu ganz unmöglich.

Möge man diesen Umstand berücksichtigen, wenn sich herausstellen sollte, dass einige der hier als neu aufgestellten Arten vielleicht irgendwo in amerikanischen Schriften schon beschrieben worden seien, oder in der Synonymik nicht überall die richtige Stellung getroffen sei, wiewohl ich mir bewusst bin, nach beiden Richtungen hin möglichst gewissenhaft verfahren zu sein.

2. Beschreibung der von Professor J. Marcou gesammelten Versteinerungen aus der Carbonformation und der Dyas von Nebraska, in dem Museum für vergleichende Zoologie in Cambridge und dem Kön. mineralogischen Museum in Dresden, sowie einiger Zechsteinversteinerungen aus Kansas.

A. Thiere.

1. Classe *Crustacea.* Krebse.

1. *Phillipsia* sp. — Tab. I, Fig. 1.

Ein kleines, halbelliptisches Schwanzstück von nur 5 mm. Breite und etwa 4 mm. Länge liegt vor. Seine Axe, welche nach den Seiten hin steil abfällt und vor dem Ende des Schildes stumpf abgegrenzt ist, lässt gegen neun nur anfangs deutlicher getrennte flach gerundete Querringe unterscheiden, welche ebenso, wie die in geringer Anzahl vorhandenen und den äusseren Rand nicht erreichenden Seitenrippen glatt sind. Der äussere Rand und der untere Theil des Schildes sind rippenlos.

Vorkommen: In dem gelblich-grauen Kalksteine von Plattesmouth (Nr. 74) in Nebraska mit *Spirifer cameratus* Morton, *Productus* sp., *Cyathocrinus inflexus?* Gein. und *Stenopora columnaris* Schloth. sp. zusammen.

2 Carbonformation und Dyas in Nebraska.

Cythere Müller, 1785.

2. C. Nebrascensis Gein. Tab. I, Fig. 2.

Die kleine, nur 1,12 mm. lange, elliptisch-bohnenförmige Schale ist fast doppelt so lang als hoch, gleichmässig gewölbt und mit einem schmalen Rande umgeben, glatt und glänzend. Ein kleiner Buckel liegt nahe dem vorderen Ende, an welchem die Schale sich abrundet und etwas verschmälert. Der Schlossrand ist gerade und erreicht nicht das hintere gleichfalls gerundete Ende. Der Unterrand ist sehr schwach gewölbt und verläuft regelmässig in die Seitenränder. Sie nähert sich, wie es scheint, sowohl der *C. recta* v. Keys. (in Schrenk's Reise II, 1854, p. 112, Taf. IV, F. 40) aus der permischen Formation Russlands als der *Cypris subrecta* Portlock (Rep. 1843, p. 316, Pl. XXIV, F. 13 b) aus dem irischen Kohlenkalke.

Vorkommen: In den versteinerungsreichen Kalkplatten C. c^V. (Nr. 61) von Nebraska-City.

3. C. Cyclas? v. Keys. var. — Tab. I, Fig. 3. 4.

1854. v. Keyserling, in Schrenk's Reise nach dem Nordosten des europäischen Russlands u. s. w. p. 112, Taf. IV, F. 42. 43.

Die nur gegen 1 mm. lange ovale Schale besitzt einen kleinen etwas vor der Mitte liegenden Wirbel, in Folge dessen die Schlosslinie einen sehr stumpfen Winkel bildet. Die Schale verengt sich nach vorn etwas mehr als nach hinten. Ihre beiden gerundeten Enden verbinden sich unter Bogenlinien mit dem fast geradlinigen Unterrande. Auf der glatten glänzenden Oberfläche findet sich unter dem Wirbel ein grosser, flach gewölbter, rundlicher Wulst, welcher den mittleren Theil der Schale einnimmt. Ohne denselben würde ein Unterschied von *C. Cyclas* kaum wahrnehmbar sein.

Vorkommen: Mit der vorigen zusammen bei Nebraska-City; v. Keyserling's Exemplar ist den permischen Schichten Russlands entnommen.

Serpula (Spirorbis) planorbites.

The Serpula planorbites, Min. is truly a Serpula, and does not belong to Straparollus or Euomphalus, to which this species is yet referred by many authors, proved anew by many additional authentic specimens growing on Productus horid from the the inferior Zechstein dolomite of Rochsburg at Pösneck, and preserved in the Roy. Mus. Min. in Dresden, for which we have to thank Mr. A. Fischer: Pösneck.

They correspond entirely with varieties of this species described by Prof. King as S. helix and S. permianus. In the strata of Nebraska in the repeatedly mentioned marly clays of Section C & d № 48, examples of this species are met with as much as 8. m m. in diameter, on which can readily be distinguished five turns in one plane. Nevertheless, in consequence of, pressure, the Kedge which exists in the natural condition is impressed inwards, so that instead of it there usually appears a furrow along the middle of the shell. The lines of growth, as in German specimens, are partly laminar. In what relation Euomphalus rugosus stands to to Serpula planorbites, we cannot determine, nevertheless it is very likd. Probably however, the Euomphalus by Meek and Hayden from the Lyon of Smoke Hill, Kansas, is identical with Serpula planorbites.

2. Classe *Annulata*. Rundwürmer.

Serpula L. (*Spirorbis* Lam.)

4. *S. (Spirorbis) Planorbites* Mün. sp. — Tab. I, Fig. 6.

(Vgl. die Synonyme in Geinitz, Dyas, I., p. 40, Taf. X, F. 10—14.)

Dass *Serpula Planorbites* Mün. wirklich eine *Serpula* ist und nicht zu *Straparolus* Montf. oder *Euomphalus* Sow. gehört, wozu diese Art noch von manchen Autoren gestellt wird, kann durch neue auf *Productus horridus* aufgewachsene Belegstücke aus dem unteren Zechsteindolomit des Kochsberges bei Pösneck, im K. min. Museum in Dresden, die wir Herrn A. Fischer in Pösneck verdanken, von neuem bewiesen werden.

Sie entsprechen ganz der von Prof. King als *Spirorbis helix* und *Sp. permianus* beschriebenen Abänderungen dieser Art.

In den Schichten von Nebraska trifft man in den mehrfach erwähnten bunten Mergelthonen der Etage C. c^{IV}. (Nr. 48). Exemplare dieser Art bis zu 8 mm. Durchmesser, an welchen man 5. in einer Ebene liegende Umgänge wohl unterscheiden kann, bei denen jedoch in Folge von Druck die im normalen Zustande vorhandene Kante eingedrückt ist und statt ihrer meist eine Furche längs der Mitte der Schale erscheint.

Die Anwachsstreifen sind, wie an deutschen Exemplaren, theilweise blätterig.

In welcher Beziehung *Euomphalus rugosus* Hall (Rep. on the Geol. Surv. of the State of Jowa, V. I, P. II, Pal. p. 722, Pl. 29, F. 14) zu *Serpula Planorbites* steht, können wir nicht entscheiden, doch wird sie derselben sehr ähnlich; wahrscheinlich ist es aber, dass der von Meek und Hayden aus der Dyas des Smoky Hill in Kansas aufgeführte *Euomphalus* (Proc. of the Ac. of Philadelphia, Jan. 1859, p. 30) mit *Serpula Planorbites* Mün. identisch sei.

3. Classe *Mollusca*. Weichthiere.

1. Ordn. Cephalopoda.

Orthoceras Breyn, 1732.

5. *O. cribrosum* Gein. — Taf. I, Fig. 5.

Dieses höchst merkwürdige Fossil ist ein Bruchstück von 58 mm. Länge, mit einer Breite von 5 mm. an seinem unteren schmalen und 13 mm. an seinem oberen breiten Ende, wobei seine Stärke sehr regelmässig zunimmt. Der Umfang der Schale scheint elliptisch gewesen zu sein, doch ist sie auf der einen Seite ziemlich flach zusammengedrückt worden. Die Schale ist durch zahlreiche concave Scheidewände in Kammern getheilt, welche eng beisammenliegen, so dass man an dem unteren Theile der Schale 4—5 auf 5 mm. Länge wahrnimmt. Die Lage des Sipho können wir trotz eines in der Mitte gemachten Durchschnitts · nicht sicher verbürgen. Hiernach würde ein kleiner elliptischer Sipho wahrscheinlich in der Nähe des Randes gelegen haben.

Am eigenthümlichsten ist die äussere Schicht der Oberfläche des Fossils beschaffen, welche durch zahllose rundliche eingesenkte Poren von annähernd gleicher Grösse und gesetzloser Anordnung siebartig durchblöchert erscheint. Dieselbe gewinnt hierdurch das Ansehen von gewissen überrindenden Korallen und kann leicht für einen solchen Ueberzug gehalten werden, was uns jedoch nach der gleichartigen Beschaffenheit des grössten Theils der ganzen Oberfläche nicht wahrscheinlich ist. Es bildet diese punctirte Schicht indess nur die äusserste Lage, unter welcher die eigentliche Perlmuttermuschel des Gehäuses vorhanden ist.

Vorkommen: Aus Etage C. c^V. (Nr. 52) von Nebraska-City.

Turbonilla Swallowiana

Its small shell scarcely 2 centimetres long, is continued in the same spire-like manner as in Eunitella spio. from the Carboniferous limestone Iowa, and like Turbo. Phil. in the European Zechstein, and consists as in these of nearly eight regular vaulted turns. Upon these there course at regular distances from 4 to 6 distinctly prominent spiral lines (the so-called transverse striae) which are rendered somewhat tuberculate through faint, curved striae of growth. The upper part of the turns in the vicinity of the suture is devoid of the spiral lines, what distinguishes this species T. spio. and others as the described species of Loxonema while T. Phil. exhibits only smooth turns. The condition of its striae of growth, whereby no fissure is indicated refers this species to Turbonilla, or to the herewith indicated conjunctive Loxonema. Probably the Murch? Kans. from the valley of Cottonwood, Kansas is herewith identical, which we have been unable to determine through the short diagnosis. The same may be said for our linn. which is referred to Murchisonia.

    Habitat. With Microscopic Murchisoniae &c in the Calcareous layers of the Section C. or of Nebraska City.

2. Ordn. Gasteropoda.

Turbonilla (Leach) Risso, 1826. (*Chemnitzia* d'Orb., 1839.
Loxonema Phill. 1841.

(Vgl. Dyas I, p. 45—46.)

6. *T. (L.) Swallowiana* Gein. — Tab. I, Fig. 19.

Ihre kleine, nur selten 2 cm. lange Schale ist ganz ähnlich thurmförmig gebaut, wie *Turritella spiculum* Eichwald (Leth. Ross. I, p. 1120, Tab. XLII, F. 5) aus dem Kohlenkalke von Tula, und wie *Turbonilla Phillipsi* Howse in dem europäischen Zechsteine, und besteht wie diese aus ohngefähr acht regelmässig gewölbten Windungen. Ueber diese laufen in regelmässigen Entfernungen gegen 4—6 deutlich hervortretende Spirallinien (sogenannte Querstreifen) hinweg, die durch sichelförmig gebogene Anwachsstreifen etwas höckerig werden. Der obere, in der Nähe der Naht befindliche Theil der Umgänge ist von Spirallinien befreit, was diese Art von *T. spiculum* als *Loxonema* beschriebenen Arten hinreichend unterscheidet, während *T. Phillipsi* nur glatte Windungen zeigt. Die Beschaffenheit ihrer Anwachsstreifen, wodurch keine Spaltlinie angedeutet ist, verweisen diese Art zu *Turbonilla* oder der hiermit zu vereinigenden *Loxonema*. Möglich, dass *Murchisonia (?) Kansanensis* Swallow aus dem Thale von Cottonwood in Kansas (Trans. Ac. Sc., St. Louis, Vol. 1, Nr. 2, 1858, p. 25) hiermit identisch sei, was wir nach der uns nur bekannten kurzen Diagnose nicht entscheiden können. Dasselbe gilt für *Turritella biarmica* Kutorga (Verh. d. Russ. Kais. Min. Ges. in St. Petersburg, 1842, p. 28, Taf. VI, F. 3), welche zu *Murchisonia* gestellt worden ist.

Vorkommen: Mit einigen mikroskopischen Murchisonien etc. zusammen in den Kalkplatten der Etage C. c^V. (Nr. 60. 61.) von Nebraska-City.

Macrocheilus Phill., 1841.

7. *M. Hallianus* Gein. — Tab. 1, Fig. 7.

Wiewohl diese Art eine nahe Verwandtschaft mit *M. Newberryi* Hall (Rep. of the Geol. Surv. of the State of Jowa, V. I, Part II, Palaeontology, p. 719, Pl. XXIX, F. 9) aus der Steinkohlenformation von Illinois zeigt, so ist sie doch hiervon, sowie von den anderen bisher beschriebenen Arten dieser Gattung, specifisch verschieden. Sie lässt sich wohl ebenso wenig einer der von Shumard und Swallow (Trans. Ac. Sci., St. Louis, Vol. 1, Nr. 2, p. 6 und 7) aufgestellten Arten anpassen.

Bei einer etwas spindelförmigen Gestalt besteht die Schale aus mindestens 6 sehr flach gewölbten glatten Umgängen, deren Naht nur wenig vertieft ist. Die Höhe derselben nimmt schneller zu, als dies bei allen ihr übrigens ähnlichen Arten der Fall ist, in Bezug auf ihre Breitenzunahme bildet sie eine Mittelform zwischen *M. Newberryi* und *M. fusiformis* Hall (a. a. O. p. 718, Pl. 29, F. 7). Ihre Mündung ist ähnlich schmal wie bei diesen und mag etwa die halbe Länge der ganzen Schale erreicht haben. An der inneren Seite macht sich eine wulstförmige Spindelfalte bemerkbar, die Aussenlippe ist verbrochen. Als unwesentlich mag es erscheinen, dass auf der Oberfläche der durchschimmernden Schale einige hellere und dunklere Spiralbänder erscheinen, die in der Abbildung durch mehrere Linien angedeutet worden sind.

Vorkommen: In einem Kalksteine von Vyoming, 7 Meilen N. von Nebraska-City, welchen Professor Marcou der Etage B. b^II. bei Nebraska-City gleichsetzt (Nr. 6.)

Bellerophon Montfort, 1808.

8. *B. carbonarius* Cox. — Tab. I, Fig. 8.

1855—1858. *B. Urii* (Flem.) Norwood & Pratten Journ. of the Ac. of Nat. Sc. of Philadelphia, Vol. III, p. 75, Pl. IX, F. 6.

1857. *B. carbonarius* Cox in Palaeont. Rep. of Lyon, Cox and Lesquereux as prepared for the Geol. Rep. of Kentucky, p. 562.

1863. Desgl. Dana, Manual of Geology, p. 349, F. 598.

Diese Art ist jedenfalls dem *B. Urei* Flem. so nahe verwandt, dass man sie wohl als eine Varietät derselben betrachten könnte [1]), doch unterscheidet

[1]) Vgl. *B. Urii* Phill., Geol. of Yorkshire II, p. 231, Pl. 17, F. 11. 12. — *B. spiralis* Phill. eb., Pl. 17, F. 8.
1842—1844. Desgl. de Koninck, Descr. des Anim. foss., p. 356, Pl. XXX, F. 4.
1843. Desgl., Portlock, Report on the Geol. of Londonderry etc., Pl. XXIX, F. 9. 10.
1863. Desgl., F. Römer, in Zeitschr. d. d. geol. Ges. XV, p. 582, Taf. XV, F. 4.

sie sich davon durch eine etwas schmälere Mündung, deren Beschaffenheit nach einem der zahlreichen uns vorliegenden Exemplare Tab. I, Fig. 8 genau dargestellt worden ist. Bei keiner der von *B. Urei* oder *Urii* gegebenen Abbildungen, mit Ausnahme des von F. Römer a. a. O. Taf. XV, F. 3 dazu gerechneten glatten Exemplars, ist der nicht verwachsene Theil des breiten Spaltes an dem Ende der Mündung hervorgehoben. Der verwachsene Theil des Spaltes ist auf dem vorderen glatten Theile der Schale und der Steinkerne des *B. carbonarius* stets vertieft und zeigt nicht selten noch eine deutliche Mittellinie, was abermals einen Unterschied von *B. Urei* bedingt. Der übrige Theil der Schale und der Steinkerne ist, wie bei *B. Urei*, mit gleichstarken, schmalen Längsrippen bedeckt, die durch flache, etwa doppelt so breite Zwischenräume von einander getrennt werden. Zwei solcher Rippen fallen auf den Raum eines Millimeters.

Vorkommen: Der geologische Horizont dieser Art ist nach Cox die mittlere und obere Steinkohlenformation in Kentucky.

Die von Marcou gesammelten Exemplare aus C^V. und C^{VI}. (Nr. 50 und 65) von Nebraska-City beweisen, dass sie sich dort auch bis in die Dyas erstreckt.

9. *B. Marcouianus* Gein. — Tab. I, Fig. 12.

Die Schale dieser kleinen Art ist deutlich genabelt, längs ihres Rückens dachförmig gekielt und mit gedrängten, unter sich gleichstarken, feinen Längslinien bedeckt, welche auch dem mittleren Kiele nicht fehlen, sondern vielmehr auf diesem ganz dicht beisammen liegen. Im vordersten Theile der Schale fallen 5 solcher Linien auf 1 mm. Breite. Dieselben werden von sehr zarten Anwachsstreifen, die nur hier und da zum Vorschein kommen, durchsetzt.

Sie ist dem *B. decussatus* Flem. verwandt, unterscheidet sich aber durch ihre weit feinere Streifung. In dieser Beziehung verhält sie sich mehr wie *B. Meekianus* Swallow (Descriptions of New Fossils from the Coal Measures of Missouri and Kansas, Trans. Ac. Sc., St. Louis, Vol. I, N. 2, 1858, p. 9), dessen Schale jedoch einen gerundeten Rücken besitzen soll und nur in der Nähe der Mündung gekielt ist.

Vorkommen: Prof. Marcou hat diese zierliche Art in dem bunten Mergelthone $C. c^{IV}$. (Nr. 48) bei Nebraska-City entdeckt.

10. *B. interlineatus* Portlock. — Tab. I, Fig. 14.

1843.   Portlock, Rep. on the Geol. of Londonderry etc. p. 402, Pl. XXIX, F. 11.
1860.   *B. depressus* Eichwald, Leth. Rossica I, p. 1085, Pl. XI, F. 32.

Die Schale besitzt einen flach gerundeten Rücken und war an der Mündung sehr ausgebreitet, so dass die letztere eine halbkreisförmige Gestalt beschrieb. Ihre Oberfläche ist mit gedrängt liegenden, abwechselnd stärkeren und schwächeren flachen Spirallinien dicht besetzt. Die stärkeren Streifen zeigen oft eine undeutliche Spaltung in 2—3 feinere; zwischen 2 solchen stärkeren Streifen liegen meist 3 schwächere, unter denen der mittlere wieder der stärkere ist. Längs der Mitte des Rückens läuft ein flacher Kiel, der von 2 flachen Furchen eingefasst wird. Beide sind ebenso gestreift, wie der übrige Theil der Schale. Nur der äusserste Theil des breiten Mundsaums ist von Spiralstreifen befreit und lässt nur höchst zarte Anwachslinien wahrnehmen, die man auch über die Spirallinien weglaufen sieht.

Vorkommen: Portlock beschrieb diese Art aus einem röthlichen ockerigen Kalksteine und aus Schiefer von Derrylorau in Tyrone und Fermanagh in Irland. Prof. Marcou entdeckte das hier abgebildete Exemplar in dem bunten Mergelthon von Nebraska-City, C. c[IV]. (Nr. 48). Wenn man nicht nur auf Portlock's Abbildung, sondern auch auf dessen Beschreibung Rücksicht nimmt, so wird man die amerikanische Form nicht von der irischen trennen können; noch mehr aber stimmt sie mit der genaueren Abbildung des *B. depressus* von Eichwald aus dem Kohlenkalke des Flusses Bystritza, Gouv. Nowgorod, überein.

11. *B. Montfortianus* Norw. & Pratten. — Tab. I, Fig. 13.

1855—1858.   Norwood & Pratten, Journ. of the Ac. of Nat. Sc. of Philadelphia,
             VIII, p. 74, Pl. IX, F. 5.

Die Gestalt dieser kleinen zierlichen Art ist eine ganz ähnliche wie die der vorigen, auch besitzt sie eine ähnliche Längsstreifung wie jene; sie unterscheidet sich aber durch eine Anzahl wulstförmiger Querrippen, die an der Grenze einer mittleren Furche, in welcher die vertiefte Spaltlinie liegt,

rückwärts gekrümmt sind und undeutlich werden.   Feine gedrängt liegende
Anwachslinien ertheilen sämmtlichen Streifen ein gekörneltes Ansehen.

Vorkommen: Mit *B. carbonarius* zusammen in der Steinkohlenformation
von Galatia in Illinois und 5 Meilen von New-Harmony in Indiana. — Einige
Exemplare mit den beiden vorigen zusammen in dem bunten Mergelthone von
Nebraska-City C. c^{IV}. Nr. 48.

Pleurotomaria Defrance, 1825.

12. *Pl. Grayvillensis* Norw. & Pratt. — Tab. I, Fig. 9.

1855—1858. Norwood & Pratten, Journ. of the Ac. of Philadelphia, V. III,
p. 75, Pl. IX, F. 7.

Die kleine Schale, die an unseren Exemplaren nur 5 mm. hoch und
ebenso breit wird, bildet 5 Umgänge, welche oberhalb der Spaltlinie flach
oder vertieft, unter derselben aber convex sind.   Die breite vertiefte Spaltlinie ist von 2 vorstehenden schmalen Leisten begrenzt und liegt fast dicht an
der Naht; auf dem letzten Umgange aber etwas über der Mitte.   Die ganze
Oberfläche ist mit feinen Spirallinien bedeckt, welche von regelmässigen Anwachsstreifen durchkreuzt und hierdurch gekörnelt werden.   An dem oberen
Rande einer Windung tritt diese Körnelung am stärksten hervor. — Nach
Norwood und Pratten ist die Mündung fast viereckig, ihre Aussenlippe
scharf und die Spindel läuft in eine Spitze aus, was an unseren aufgewachsenen
Exemplaren nicht zu sehen ist.   Die von diesen Autoren beschriebene Art
hat fast die dreifache Grösse von unserem Exemplare erreicht, welchem Um-
stande wohl auch die etwas gröbere Streifung der Schale zuzuschreiben ist,
welches den einzigen wesentlichen Unterschied mit den Exemplaren von
Nebraska darstellen dürfte.

Vorkommen: Mit *Bellerophon carbonarius* und vielen anderen Arten
zusammen auf einer Kalkplatte aus C. c^V. (Nr. 60) von Nebraska-City. —
Nach amerikanischen Forschern in der Steinkohlenformation von Grayville
u. a. O. in Illinois und Kentucky, wo sie gleichfalls den *Bell. carbonarius* begleitet.

13. *Pl. Marcouiana* Gein. — Tab. I, Fig. 10.

Die nur 5 mm. hohe und breite Schale bildet 5 hochgewölbte Umgänge, deren letzter ziemlich gleiche Höhe mit der Spira besitzt. Die Windungen sind etwas oberhalb ihrer Mitte durch eine schmale, von zwei Leisten
begrenzte Spaltlinie deutlich gekielt, über derselben steigt die Schale flach an
und ist in der Nähe der Mündung zunächst der Spirallinie sogar stark vertieft; unter dem Kiele ist sie gewölbt. Der letztere Theil ist namentlich an
dem letzten Umgange mit gedrängt liegenden Spirallinien von verschiedener
Stärke bedeckt, von welchen die zunächst dem Kiele gelegenen am feinsten
sind. Streifen von ähnlicher Zartheit nimmt man unter der Loupe auch theilweise oberhalb des Kieles wahr. Deutlicher treten überall die sie schief durch-
kreuzenden Anwachsstreifen hervor, die sich an der Basis sogar zu mehreren
ziemlich regelmässig angeordneten Falten gruppiren.

Es mag einige Aehnlichkeit zwischen dieser Art und *Pleurotomaria*
subturbinata und *Pl. humerosa* Meek & Hayden (Proc. of the Ac. of Nat.
Sc. of Philadelphia, Dec. 1858, p. 264) existiren. Den gegebenen Diagnosen
nach, welchen leider die Abbildungen fehlen, vermögen wir sie nicht damit zu
identificiren. — Unter den aus der Dyas beschriebenen Arten steht ihr
Pl. atomus Keyserling (in Schrenk's Reise nach dem Nordosten des europäischen Russlands u. s. w. Dorpat, 1854, II, p. 110, Taf. 4, F. 35. 36)
am nächsten.

Vorkommen: Selten in einem mergeligen Kalksteine $C_1 c^{VI}$. (Nr. 66)
von Nebraska-City.

14. *Pl. subdecussata* Gein. — Tab. I, Fig. 11.

Die kreiselförmige Schale hat wenig über 5 mm. Höhe und Breite erreicht, ihre Windungen sind flach, unten scharfkantig und mit einer breiten,
an der wenig vertieften Naht gelegenen Spaltlinie versehen, welche von zwei
vorstehenden Leisten eingefasst wird. Ueber der Spaltlinie zählt man auf der
letzten Windung 7—8 feine Spiralstreifen, einen wenig stärkeren Streifen in
der Mitte der Spaltlinie selbst und gegen 14 stärkere und schwächere Streifen
auf der Basis zwischen der Randkante und dem kleinen aber tiefen Nabel.

Ueber sämmtliche spirale Streifen laufen regelmässige Anwachsstreifen hinweg, wodurch die Oberfläche der Schale fein gegittert wird.

Der Name soll an die ihr am nächsten stehende Form des Kohlenkalkes, *Pl. decussata* Mc Coy (Syn. of the Char. of the Carbon. Limestone Foss. of Ireland, 1844—1862, p. 40, Pl. V, F. 13) erinnern, welche sich hauptsächlich durch etwas höhere Windungen und eine grössere Anzahl von spiralen Linien auf denselben, sowie durch das geringe Hervortreten der die Spaltlinie begrenzenden Leiste von ihr unterscheidet.

Vorkommen: Selten in den mergeligen Kalksteinen C c^V. und C. c^{VI}. (Nr. 51 und 66) von Nebraska-City.

15. *Pleurotomaria Haydeniana* Gein. — Tab. I, Fig. 15.

Diese zierliche Art vertritt in der Dyas von Nebraska die *Pl. ornatissima* de Kon. des Kohlenkalkes (Descr. des Anim. foss., p. 365, Pl. XXIV, F. 14; Pl. XXXVI, F. 2). Sie bildet, wie diese, vier, mit spiralen Falten und theilweise an dem äusseren Rande mit einer Reihe von Höckern verzierte Umgänge, unterscheidet sich aber von ihr, bei einer fast mikroskopischen Grösse, durch das stärkere Hervortreten des immerhin niedrigen Gewindes, durch eine weit geringere Zunahme der Stärke der Windungen, desshalb auch durch eine mehr rundliche Mundöffnung, sowie durch das Fehlen von Höckern an dem letzten Umgange, der nur mit einfachen, fast glatten Spirallinien bedeckt ist.

Sie trägt ihren Namen zu Ehren von F. V. Hayden, welcher mit F. B. Meek sich um die Erforschung der Dyas in Nordamerika so hohe Verdienste erworben hat.

Vorkommen: Prof. Marcou entdeckte diese Art in dem Kalksteine der Etage C. c^V. (Nr. 61) bei Nebraska-City.

Murchisonia d'Archiac und de Verneuil, 1841.

16. *M. Marcouiana* Gein. — Tab. I, Fig. 16

Schale lang-kegelförmig mit wenigstens 8 hochgekielten Umgängen, ähnlich der *M. angulata* Phill. sp. (Geol. of Yorkshire, II, p. 230, Pl. 16,

2*

F. 16) und de Koninck (Descr. des An. foss., p. 412, Pl XXXVIII, F. 8 und Pl. XL, F. 8). Der Kiel liegt unterhalb der Mitte eines Umganges, dessen oberer Theil eben oder flach-concav ist und fast glatt erscheint; auch unter der Loupe nimmt man hier nur zarte Anwachsstreifen und einige ganz undeutliche Spiralstreifen wahr. Nahe unter dem Kiele, welcher einer schmalen Spaltlinie entspricht, tritt auf den verschiedenen Windungen eine deutliche Spirallinie hervor, welcher am Grunde des letzten Umganges noch zwei solcher Linien folgen, wodurch die niedergedrückte glatte Basis der Schnecke begrenzt wird.

Vorkommen: Ein Exemplar in einem lichtgrauen Kalksteine von Rockbluff in Nebraska. In der Dyas hat diese Art ihren nächsten Verwandten in *M. subangulata* de Vern., von der sie sich durch die bezeichneten Spirallinie unterscheidet.

17. *M. Nebrascensis* Gein. — Tab. I, Fig. 17.

Die kleine verlängert-kreiselförmige Art besitzt 6 stark gewölbte Umgänge, die in der Mitte mit einem schmalen vorstehenden Kiele versehen sind. Oberhalb desselben erhebt sich nicht fern von der sehr vertieften Naht eine zweite sehr deutlich hervortretende Spirallinie, in fast gleicher Entfernung unter dem Kiele eine ähnliche dritte, welcher an der Basis des letzten Umganges noch eine vierte folgt. Einige weit schwächere Spiralstreifen liegen dicht an der Naht. Anwachsstreifen höchst zart. Bei 4 mm. Länge der Schale beträgt die Breite des letzten Umganges gegen 2 mm.

Vorkommen: Mit einigen anderen kleinen Schnecken und verschiedenen hier beschriebenen Arten zusammen in der Kalksteinschicht C. c^V. (Nr. 60) von Nebraska-City.

18. *M. subtaeniata* Gein. — Tab. I, Fig. 18.

Diese ebenfalls sehr kleine Art besitzt einige Aehnlichkeit mit *Turritella taeniata* Phill. (Geol. of Yorksh. II, p. 229, Pl. XVI, F. 7), kann aber nicht damit vereinigt werden. Bei wenig über 3 mm. Länge besteht ihre, etwas stumpf-kegelförmige Schale aus 8—9 Umgängen, welche flach gewölbt, in ihrer

Murchisonia subtaeniata, Geinitz

This likewise very small species presents some resemblance to *Mur. taeni.*, but cannot be united with it. Little over 3. mm. in length its slant conical shell consists of 8 to 9 whorls which low vaulted in the middle present a wide bandlike surface. This band occupies the middle third of the whorls, and on each side is defined by a feeble ridge, from which the shell gradually descends to the slightly deep suture. The lower of these ridges, and an elevated line quite near the suture, appears the figure line, which according to this should be very flat, and moderately broad.

Habitat. Found together with the former in C. or at Nebraska City.

Allorisma elegans King

When we refer to our description and figure of this species in the Dyas, p. 57, taf. XII fig. 14 & 17, we cannot distinguish the specimens from Nebraska lying before us from it. In several large shells from 6 to 12 mm. broad the posterior surface sharply defined by a keel like angle rib running from the whorl to the inferior angle of the back border in a more marked than had been previously observed. Near the middle of the field there is a second somewhat weaker rib. On the border of the closing edge of the shell there is found a thin carina, besides which there is noticed on this surface some depressed radiating lines, which are crossed by fine lines of growth. The principal part of the shell is thickly covered with very fine granulated radiating lines. In specimens represented the whorl (beak) projects rather more strongly than in others; the angle also between the inferior and posterior border projects more than in others, in which the angle is rounded or at least more blunt. Either is unimportant and diminishes with increasing age, as is also the case with the sharp projection of the posterior carinated rib. This is also observed upon a much larger specimen from Nebraska.

Habitat: here and there in the lower and middle Zechstein of Germany, and England; according to V. Keyser, in the Permian limestone at Wel 6, in Kiew, and in the marl on nekten in Russia; in Nebraska, in the variegated marl of C. p. st. No. 43, and also in the limestone layers at Nebraska City.

Mitte aber durch eine breite bandförmige Fläche getrennt sind. Dieses Band nimmt das mittlere Drittheil der Windungen ein und wird jederseits von einer schwachen Kante begrenzt, von welcher die Schale nach der nur wenig vertieften Naht hin sanft abfällt. Die untere dieser Kanten und eine dicht an der Naht liegende erhabene Linie scheinen die Spaltlinie einzuschliessen, welche hiernach sehr flach und ziemlich breit sein würde.

Vorkommen: Mit der vorigen zusammen in C. c^V. (Nr. 60) bei Nebraska-City.

Dentalium L., 1740.

19. *D. Meekianum* Gein. — Tab. I, Fig. 20.

Die nur schwach gekrümmte Röhre hat einen kreisrunden Durchschnitt und nimmt schnell an Stärke zu, so dass Exemplare von 6 mm. Länge sich von 0,₃ mm. bis zu 1 mm. Stärke erweitert haben. Die ganze Oberfläche ist durch gedrängtliegende, feine und regelmässige Anwachsstreifen verziert, von denen gegen 12 auf 1 mm. Länge zu liegen kommen.

Von den 2 bekannten *Dentalien* des Zechsteins in Europa unterscheidet sich diese Art durch die Biegung ihrer Schale und durch ihre Streifung. Von *Dent. priscum* Mün. sp. unterscheidet sie sich durch ihre sanfte Biegung, die bis an das weite Ende der Schale zu verfolgen ist, in welcher Beziehung sie sich mehr dem *D. ingens* de Kon. nähert, das sich jedoch durch geringere Zunahme an Stärke und einen elliptischen Querschnitt unterscheidet.

Vorkommen: Nicht selten, meist 5—10 mm. gross, in dem Kalksteine C. c^V. (Nr. 60) von Nebraska-City.

3. Ordn. Pelecypoda.

Allorisma King, 1844.

20. *A. elegans* King, 1844. — Tab. I, Fig. 21.

1846. *Cypricardia bicarinata* Keyserling, Petschoraland, p. 257, Tab. 10, F. 17.

Indem wir auf unsere Beschreibung und Abbildung dieser Art in Dyas, p. 57, Taf. XII, Fig. 14. 17, Bezug nehmen, können wir die aus Nebraska

14 *Carbonformation und Dyas in Nebraska.*

vorliegenden Exemplare von ihr nicht trennen. An mehreren jungen Schalen von 6—12 mm. Breite ist das hintere Feld durch eine vom Wirbel nach der unteren Ecke des Hinterrandes laufende kielartige Rippe sehr scharf begrenzt, wie man dies früher noch nicht so schön beobachtet hat. Längs der Mitte dieses Feldes findet sich eine zweite, etwas schwächere Rippe, an der Grenze des Schlossrandes bildet sich ein dritter Kiel aus; ausserdem nimmt man auf dieser Fläche noch einige vertiefte ausstrahlende Linien wahr, welche von fein-welligen Anwachslinien durchschnitten werden. Der Haupttheil der Schale ist mit höchst feinen gekörnelten ausstrahlenden Linien dicht bedeckt. An dem hier abgebildeten Exemplare ragt der Wirbel etwas stärker als bei anderen hervor, auch tritt die Ecke zwischen Unter- und Hinterrand etwas weiter hervor, als bei anderen, wo diese Ecke gerundet oder mindestens stumpfer ist. Beides ist hier unwesentlich und vermindert sich mit zunehmendem Alter, ebenso wie das scharfe Hervortreten jener hinteren kielartigen Rippen. Dies erkennt man auch wieder an einem weit grösseren Exemplare von Nebraska.

Vorkommen: Hier und da im unteren und mittleren Zechsteine Deutschlands und Englands, nach v. Keyserling in dem permischen Kalke am Wel bei Kischerma und in den Mergeln an der Uchta in Russland; in Nebraska, sowohl in den bunten Mergelthonen C. c^{IV}. (Nr. 48), als auch in den Kalksteinplatten C. c^V. (Nr. 61) bei Nebraska-City.

21. *A. subcuneata* Meek & Hayden.

1858. Proc. of the Acad. of Philadelphia, Dec., p. 263.
1863. Dana, Manual of Geology, p. 348, F. 596.

Diese an gewisse Myaciten oder Panopaen des Muschelkalkes und der Juraformation erinnernde Muschel ist ähnlich der *Sanguinolites clava* Mc Coy (Brit. Palaeoz. Foss., 1855, p. 504, Pl. 3 F, F. 12) aus dem Kohlenkalke, in die Breite keilförmig verlängert, nach vorn hin bauchig gewölbt, nach hinten sich verschmälernd und keilförmig zusammengedrückt. Die stark eingekrümmten, sich berührenden Wirbel liegen sehr nahe dem vorderen Ende der Muschel, das einen gerundeten Vorsprung bildet. Der Unterrand und Schlossrand sind fast geradlinig, sehr flach gewölbt und verbinden sich in einer flachen Rundung mit dem hinteren Schalenrande. Die Oberfläche ist

mit ziemlich regelmässigen wulstförmigen Anwachsringen und feineren concentrischen Linien bedeckt.

Vorkommen: Meek und Hayden beschrieben diese Art aus der
oberen Steinkohlenformation von Leavenworth-City in Kansas. — Ein Exemplar
von $7_{,5}$ cm. Länge und $3_{,5}$ cm. grösster Höhe in dem Kalkstein B. b^{IV}. (Nr. 8)
von Vyoming, 7 Meilen N. von Nebraska-City, ein zweites (Nr. 70) von
Plattesmouth in Nebraska.

22. *A. Leavenworthensis* Meek & Hayden.

1858.   Proc. of the Acad. of Philadelphia, Dec., p. 263.

Eine noch länger gestreckte Form, die sich nach hinten ebenfalls keilförmig verdünnt, hinter dem Wirbel mit einem concaven Oberrande, mit einem
sehr flach gewölbten Unterrande, daher in den längsten Exemplaren fast säbel-
artig, mit unregelmässigen, jedoch schwächeren Anwachsringen und Linien bedeckt, als die vorige, über welche zarte fein-gekörnelte Linien hinwegstrahlen,
welche grosse Aehnlichkeit mit jenen von *A. elegans* zeigen. Die von King
(Mon. Perm. Foss., Pl. XX, F. 5) aus dem Kohlenkalk abgebildete *A. sulcata*
Fleming steht ihr auch in dieser Beziehung sehr nahe.

Vorkommen: In der Steinkohlenformation von Leavenworth-City in
Kansas; Professor Marcou hat sie bis 9 cm. lang auch in dem Kalke von
Plattesmouth (Nr. 70) aufgefunden.

Solemya Lamarck, 1819, Deshayes, 1843.

23. *S. biarmica* de Vern. — Tab. I, Fig. 22.

1845.   Murchison, de Verneuil & de Keyserling, Russia and Ural Mountains,
        II, p. 294, Pl. 19, F. 4.
1861.   Geinitz, Dyas, p. 60, Taf. XII, F. 18. 19.

Vorkommen: Jüngere Exemplare dieser in dem unteren Zechsteine
Deutschlands und Englands und in den permischen Schichten Russlands weit
verbreiteten Art finden sich vereinzelt in dem bunten Mergelthone C. c^{IV}.
(Nr. 48) von Nebraska-City, ein altes Exemplar von 6 cm. Länge liegt aus
einem fast oolithischen Kalke von Plattesmouth (Nr. 70) vor. — Schon früher

haben Swallow und Hawn (Trans. Ac. Sci., St. Louis, Vol. I, Nr. 2, p. 20) ihr Vorkommen aus den oberen permischen Schichten bei Council Grove in Kansas, wenn auch als fraglich, hervorgehoben.

Astarte Sow. 1816.

Die Gattungscharaktere der hier unterschiedenen Arten stehen noch keineswegs fest und es ist nicht unwahrscheinlich, dass einige derselben zu *Edmondia* de Kon. oder *Cardiomorpha* de Kon. gehören und vielleicht auch schon als solche von amerikanischen Geologen beschrieben worden sind, was wir bei den noch mangelnden Abbildungen hierzu nicht untersuchen können.

24. *A. gibbosa* Mc Coy. — Tab. I, Fig. 23. 24.

1862. Mc Coy, a Synopsis of the Characters of the Carboniferous Limestone Fossils of Ireland, p. 55, Pl. VIII, F. 11.

Die kreisrund-elliptische, bauchig gewölbte Schale, deren Höhe zur Breite sich ungefähr wie 5:6 verhält, ist vorn und hinten gerundet und besitzt ihren stark niedergebogenen Wirbel im vorderen Drittheile der Länge. Die vordere Schalenfläche ist gleichmässig gewölbt, die hintere undeutlich abgedacht. Ihre ganze Oberfläche ist mit regelmässigen concentrischen Rippen bedeckt.

Vorkommen: In dem gelblich-grauen Kalksteine von Plattesmouth, Nebraska; nach Mc Coy in dem Kohlenkalke von Irland. — Unter den aus dem Zechsteine Europa's beschriebenen Fossilien würde man diese Art nur mit *Panopaea Mackrothi* Gein. aus dem Weissliegenden von Gera vergleichen können.

25. *A. Nebrascensis.* Gein. — Tab. I, Fig. 25.

Unter allen in der Dyas von Nebraska auftretenden Formen ist diese der *Astarte Vallisneriana* King (Tab. I, Fig. 38) des europäischen Zechsteins jedenfalls am nächsten verwandt, ohne damit identisch zu sein. Sie ist nicht allein schwächer gewölbt als diese, sondern unterscheidet sich von ihr durch die entfernter liegenden und schwächeren concentrischen Leisten. Das Innere der Schale ist noch unbekannt. Bei quer-ovaler Form fällt der über den

Schlossrand vorragende niedergedrückte Wirbel fast in ein Drittheil der Länge, übrigens trifft man an dem ganzen Umriss keine hervorstehende Ecke. Die Höhe der Schale, von der Spitze des Wirbels gemessen, verhält sich zur Länge wie 5:7. Sie ist sehr gleichmässig gewölbt und fällt ohne Kante sowohl nach hinten als vorn gleichförmig ab. Vor dem Wirbel findet sich ein tiefes Mondchen, hinter demselben ein concaves lanzettförmiges Feld. Die Oberfläche ist mit entfernt liegenden und regelmässigen, schwachen und niedrigen concentrischen Leisten bedeckt, in deren flachen Zwischenräumen noch feine Anwachsstreifen liegen.

Vorkommen: Bis 2 cm. lang in dem bunten Mergelthone C. c^{IV}. (Nr. 48) von Nebraska-City.

26. *A. Mortonensis* Gein. — Tab. I, Fig. 26.

Mit der vorigen Art zwar nahe verwandt, unterscheidet sie sich von ihr durch etwas grössere Breite, ihren etwas vor einem Drittheil der Länge liegenden Wirbel und die schnellere Umbiegung der etwas enger liegenden concentrischen Leisten auf der hinteren Fläche der Schale. Dies entspricht einer flächeren Abdachung derselben von einer undeutlichen Kante, die von dem Wirbel nach dem unteren Ende des nur wenig gebogenen Hinterrandes läuft.

Vorkommen: In einem dunkel-grauen sandigen Kalksteine (B. b^{VI}. Nr. 3) von Morton, 4 Meilen W. von Nebraska-City mit *Schizodus Rossicus* und Crinoideen-Gliedern zusammen.

27. *A.* sp. — Tab. 1, Fig. 27.

Die mässig gewölbte, nur 7 mm. breite und, von der Wirbelspitze gemessen, 5 mm. hohe Schale ist vierseitig-queroval und gewinnt durch den niedrigeren Vorderrand, welcher sehr regelmässig in den wenig gebogenen Unterrand verläuft, ein etwas schiefes Ansehen. Die höhere Hinterseite ist durch einen Kreisbogen von kürzerem Radius mit dem letzteren ohne Ecke verbunden. Der spitze, niedergebogene Wirbel liegt vor der Mitte und überragt den kurzen Schlossrand. Vor ihm findet sich ein kleines eingedrücktes Mondchen, hinten wird derselbe durch eine scharfe Kante begrenzt, die sich jedoch bald abrundet und verschwindet, so dass das davon begrenzte hintere Feld anfangs concav ist, dann aber in eine flach gewölbte Abdachung übergeht.

Die Oberfläche ist mit entfernt liegenden, ziemlich regelmässigen, concentrischen Linien bedeckt, welche durch flache Zwischenräume geschieden werden.

Ihre Form erinnert vielleicht am meisten an die von Keyserling aus dem russischen Jura beschriebene *Astarte obtusa* (Petschoraland, p. 310, Tab. XVI, F. 25. 26); inwieweit sich vielleicht eine Identität mit den noch zu unvollkommen gekannten Arten der Dyas, *Cardiomorpha minuta* v. Keys. (= *Lucina minutissima* d'Orb.) und *Astarte Tunstallensis* King (vgl. Dyas, p. 62. 63) noch herausstellen könnte, muss die Zukunft lehren.

Vorkommen: In dem bunten Mergelthone C. c^{IV}. (Nr. 48) von Nebraska-City.

Schizodus King, 1844.

28. *Sch. truncatus* King.

1850. King, Monograph of the Permian Fossils, p. 193, Pl. 15, F. 25—29.
1861—62. Geinitz, Dyas, p. 63, Taf. XIII, F. 1—6.

Vorkommen: Kleine Exemplare aus C. c^{VI}. (Nr. 63) bei Nebraska-City stimmen durch Form und regelmässige, sehr deutliche concentrische Streifung mit jungen Exemplaren des *Sch. truncatus* aus dem Zechsteine von Deutschland und England genau überein.

29. *Sch. Rossicus* de Vern. — Tab. I, Fig. 28. 29.

1845. Murchison, de Verneuil et de Keyserling, Géologie de la Russie etc. II, p. 309, Pl. 19, F. 7. 8.
1858. G. C. Swallow, the Rocks of Kansas, Trans. Ac. Sci., St. Louis, V. I, Nr. 2, p. 23.

Wir haben geglaubt, in unserer Dyas, p. 63, *Sch. Rossicus* mit *Sch. truncatus* King. vereinen zu müssen, dem er sehr nahe steht und dessen Jugendformen besonders grosse Aehnlichkeit damit zeigen. Eine Reihe von älteren Exemplaren aus Nebraska hat die weniger breite und daher mehr kreisrund-ovale Form des *Schizodus Rossicus* auch in ihrem Alter bewahrt, so dass wir den letzteren mindestens als eine c o n s t a n t e Varietät des *Sch. truncatus* betrachten dürfen, um so mehr, als seine Schale weit glätter erscheint, als dies in der Regel bei *Sch. truncatus* K i n g der Fall ist.

S w a l l o w hat damit *Sch. rotundatus* K i n g vereint, der sich jedoch durch einen bauchigen stärker hervortretenden Wirbel von *Sch. Rossicus* gut unterscheidet und, nach den Originalen des Captain B r o w n (Trans. of the Manchester Geol. Soc. Vol. I, p. 65, Pl. VI, F. 29) zu schliessen, wohl nur als Jugendzustand des für den o b e r e n Zechstein leitenden *Sch. Schlotheimi* G e i n. angesehen werden kann.

Axinus (Schizodus) ovatus M e e k & H a y d e n (Proc. of the Ac. of Philadelphia, Dec. 1858, p. 262) scheint von *Sch. Rossicus* kaum verschieden zu sein.

V o r k o m m e n: *Sch. Rossicus* de V e r n. wurde mit *Modiola Pallasi* (= *Clidophorus Pallasi*) und *Ostrea matercula* (- ? *Avicula speluncaria*) zusammen bei Itschalki, Kliutziski an der Wolga, 30 Werst unterhalb Kasan, und im Kalke am Wel bei Kischerma in Russland entdeckt; nach S w a l l o w kommt er in den oberen permischen Schichten bei Smoky-Hill Fork in Kansas mit *Nucula Kazanensis, Gervillia (Bakevillia) antiqua* und *Monotis speluncaria* gleichfalls vor; M e e k & H a y d e n stellen den *Sch. ovatus* in die oberste Etage der Steinkohlenformation.

Die Schichten, worin sich *Schizodus Rossicus* in Nebraska findet, gehören entschieden zur Dyas, da diese Art in kleinen Exemplaren sich schon in dem bunten Mergelthone C. c^{IV}. (Nr. 48) und in C. c^{III}. (Nr. 47), in zahlreichen ausgewachsenen Exemplaren aber in C. c^{VI}. (Nr. 62) bei Nebraska-City zeigt.

Das grosse, 35 mm. breite und etwa 32 mm. hohe Exemplar wurde in Schicht A. a^{II}. (Nr. 20) am Landungsplatze der Dampfboote (Débarcadère) bei Nebraska-City gefunden.

3*

30. *Sch. obscurus* Sow. sp. — Tab. I, Fig. 30. 31.

1861. Geinitz, Dyas p. 65, Tab. XIII, Fig. 13—21.

Einige Exemplare von mittler Grösse dieser a. a. O. genauer charakterisirten Art sind von Prof. Marcou in Etage C. c^{VI}. (Nr. 62) bei Nebraska-City gefunden worden.

Swallow hat sie mit *Monotis Halli* Swallow zusammen auch in den unteren permischen Schichten von Kansas entdeckt (Swallow & F. Hawn, the Rocks of Kansas, Trans. Ac. Sci., St. Louis, Vol. I, Nr. 2, p. 23).

Arca L., 1758.

31. *A. striata* Schloth. sp. — Tab. I, Fig. 32.

1861. Geinitz, Dyas p. 66, Tab. XIII, Fig. 33. 34.

Ein Steinkern mit noch aufsitzenden Theilen der gestreiften Schale aus einem ockerig gefleckten weisslichen Kalksteine (Nr. 7) von Vyoming, 7 Meilen N. von Nebraska-City, welcher nach Marcou der Etage B. b^{II}. von Nebraska-City entspricht, kann mit Fug und Recht auf diese für den deutschen Zechstein bezeichnende Art zurückgeführt werden. Dagegen entspricht ihm unter den amerikanischen Arten am meisten *Arca carbonaria* Cox (Palaeont. Report of Kentucky, 1857, p. 567, Pl. VII, F. 5) aus der oberen Steinkohlenformation von Kentucky.

Nucula Lam., 1801.

32. *N. Kazanensis* de Vern. — Tab. I, Fig. 33. 34.

1845. Murchison, de Verneuil, de Keyserling, Géol. de la Russie etc. II, p. 312, Pl. XIX, F. 14.

1846. *Nuc. parunculus* v. Keyserling, Petschora-Land, p. 261, Taf. 14, F. 3.

1858. *Nuc. (Leda) Kazanensis* Swallow & Hawn, Trans. Ac. Sc., St. Louis, Vol. I, Nr. 2, p. 20.

Die gerundete, bauchige, vordere Fläche und die sich bis in eine schmale Leiste verlängernde etwas aufwärts gebogene hintere Fläche der Schale ist für diese Art ganz besonders auszeichnend. Der niedergebogene und etwas rückwärts gekrümmte Wirbel fällt bei den jüngeren Exemplaren in ¹/₃, bei den älteren in ¹/₄ der Schalenlänge. Durch eine vom Wirbel nach dem hinteren Ende laufende Kante wird der dem Schlossrande zunächst liegende Theil der Schale als ein concav herablaufendes Feld scharf geschieden. Die Oberfläche der Schale ist mit regelmässigen, anliegenden concentrischen Anwachsstreifen verziert.

Diese Art gehört zu *Nucula*, nicht zu *Leda*, wie nicht nur aus der Abbildung bei Keyserling, sondern auch aus den uns vorliegenden Exemplaren von Nebraska hervorgeht.

Im anderen Falle würde sie sich an *Leda speluncaria* anschliessen, deren Form ihr nicht unähnlich ist.

Als *Nucula* unterscheidet sie sich ebenfalls von der äusserlich ganz mit ihr übereinstimmenden *Leda bellastriata* Hall (Geol. Rep. of Jowa, Palaeontology, 1858, p. 717, Pl. XXIX, F. 6, aus der Steinkohlenformation von Illinois.

Vorkommen: *N. Kazanensis* oder *N. parvulus* sind in den permischen Schichten Russlands, wie namentlich an dem Ufer der Wolga bei Kasan, zuerst aufgefunden worden. Swallow & Hawn erkannten sie schon in den permischen Schichten von Kansas, sowohl in dem Thale von Cottonwood als bei Smoky-Hill Fork, wo sie mit *Monotis Halli, M. speluncaria* und *Schizodus Rossicus* zusammen vorkommt.

Die Exemplare von Nebraska sind mit denselben Arten in dem bunten Mergelthone C. c^{IV}. (Nr. 48) und in den Kalkplatten C. c^{V}. (Nr. 60) bei Nebraska-City zu beobachten.

33. *N. Beyrichi* v. Schauroth, 1854 — Tab. I, Fig. 36. 37.

1861. Geinitz, Dyas, p. 67, Taf. XIII, F. 22—24.

Es ist uns nicht gelungen, einen Unterschied aufzufinden zwischen der im unteren Zechsteine Deutschlands so gewöhnlichen Art und vier Exemplaren von derselben Grösse und Form aus Schicht C. c^{V}. (Nr. 54) bei Nebraska-City.

34. N. sp. — Tab. I, Fig. 35.

Ein Steinkern aus C. c^V. (Nr. 53) von Nebraska - City von lang - ovalem Umriss, der bei 16 mm. Länge (oder Breite) nur 9 mm. grösste Höhe besitzt, welcher regelmässig gewölbt und seinen kleinen Wirbel in $^1/_3$ der Schalenlänge trägt. Der kürzere vordere Schalentheil verbindet sich mit dem Schlossrande durch einen gerundeten Vorsprung und verläuft mit einem sanften Bogen in den schwach gebogenen Unterrand. Nach hinten ist die Schale mässig verengt und endet mit einer kurzen Rundung.

Diese Art scheint nahe verwandt der *Leda* (*Nucula*) *subscitula* Meek & Hayden (Trans. Albany Institute, Vol. IV, March. 2, 1858, p. 7) aus den permischen Schichten des nordöstlichen Kansas, bei welcher jedoch der Wirbel sich mehr der Mitte nähern soll.

Edmondia de Koninck, 1842—1844.

35 *E. Calhouni?* Meek & Hayden. — Tab. II, Fig. 1. 2.

1858. Meek & Hayden, Trans. Albany Institute Vol. IV, March. 2, p. 8.

Es liegen mehrere kleine Schalen und Steinkerne aus dem bunten Mergelthone C. c^{IV}. (Nr. 48) und aus dem angrenzenden grauen Mergel C. c^{III}. (Nr. 47) von Nebraska - City vor, auf welche die von Meek & Hayden gegebene Diagnose wohl zu passen scheint.

Sie nähern sich sehr der *Edmondia elongata* Howse (Geinitz, Dyas, p. 69, Taf. XII, Fig. 26—28) = *Edm. Murchisoniana* King (Mon. of the Perm. Foss. p. 165, Pl. 14, F. 14—17), unterscheiden sich jedoch davon durch ihre hintere Fläche, die von einer stumpfen Kante nach dem Schlossrande hin sanft abfällt, während sie bei *Edm. elongata* weit gleichmässiger gewölbt ist. Hierdurch erscheint auch der nach unten gerundete Hinterrand der kleinen Muschel in seinem oberen Theile schiefer abgeschnitten, als dies bei *Edm. elongata* der Fall ist. Die Oberfläche der Schale ist fast glatt.

Vorkommen: *Edmondia Calhouni* ist in den permischen Schichten bei Smoky-Hill Fork in Kansas entdeckt worden.

Clidophorus Hall, 1847 und *Pleurophorus* King, 1848.

36. *Cl. Pallasi* de Vern. sp. 1844. — Tab. II, Fig. 3. 4.

1845. *Modiola Pallasi* Murch., de Vern., de Keys., Russia and Ural Mount. II, p. 316, Pl. 19, F. 16.

1850. *Cardiomorpha modioliformis* King, Mon. Perm. Foss. p. 180, Pl. 14, F. 18—23.

1858. *? Pleurophorus Permianus* Swallow & Hawn, Trans. Ac. Sci., St. Louis, Vol. I, Nr. 2, p. 22.

1861. Geinitz, Dyas p. 70, Taf. XII, F. 29—31.

Diese in der Dyas von Europa so weit verbreitete Art wurde von Prof. Marcou in mehreren sehr deutlichen Exemplaren auch in der Dyas von Nebraska entdeckt, und zwar in C. c^{IV}. (Nr. 48), in C. c^{VI}. (Nr. 62) bei Nebraska-City, und in dem ockerig gefleckten, lichtgrauen Kalksteine von Vyoming, 7 Meilen N. von Nebraska-City.

Major Hawn sammelte *Pl. Permianus* in den oberen permischen Schichten bei Smoky-Hill Fork in Kansas.

37. *Cl.* (an *Pleurophorus*) *occidentalis* Meek & Hayden. — Tab. II, Fig. 6.

1858. *Pleurophorus occidentalis* Meek & Hayden in Trans. Albany Institute, Vol. IV, March. 2, p. 9.

Eine sehr elegante Form, welche in ihrem Umrisse dem *Pleurophorus costatus* Brown sp. (Gein., Dyas, p. 71, Taf. XII, F. 32—35) am nächsten kommt, den sie in der Dyas von Nebraska und Kansas vertritt. Sie unterscheidet sich von dieser Art durch einen kleineren, weniger vortretenden Wirbel, ein deutlich gerundetes Vorderende der Schale, durch geringere Wölbung und weit zartere Beschaffenheit der Schale, sowie endlich durch nur 2—3 ausstrahlende Linien, von denen oft nur die am tiefsten gelegene deutlich hervortritt. Die Oberfläche ist unregelmässig concentrisch gestreift.

Ob das Schloss zahnlos (*Clidophorus*) oder mit Zähnen versehen (*Pleurophorus*) war, ist uns ebensowenig zu entscheiden gelungen als den genannten Autoren.

Vorkommen: In dem bunten Mergelthone C. c^{IV} (Nr. 48) von Nebraska-City; auch nach Meek & Hayden an dem Ufer des Missouri in Nebraska, gegenüber der nördlichen Grenzlinie von Missouri.

38. *Cl.* (an *Pleurophorus*) *simplus* v. Keys. sp. — Tab. II, Fig. 5.

1846.   *Modiola simpla* v. Keyserling, Petschoraland, p. 260, Tab. 10, Fig. 22;
        Tab. 14, Fig. 1.

1854.   Desgl. v. Keyserling in Schrenk's Reise nach dem Nordosten des euro-
        päischen Russlands u. s. w., p. 110, Taf. IV, F. 34.

1858.   *Pleurophorus (Cordinia) subcuneatus* Meek & Hayden in Trans. Albany
        Institute, IV, March 2, p. 10.

1863.   *Pleurophorus subcuneatus* Dana, Manual of Geology, p. 370, F. 614.

Wir begegnen Exemplaren dieser Art, die wir in der Dyas, S. 71, mit
Zweifel an *Pleurophorus costatus* anreihen zu können glaubten, heute zum
ersten Male in dem Zechstein von Cotton Wood Creek in Kansas, von wo uns
diese Art mit dem ihr von Meek und Hayden gegebenen Namen durch
Professor Dana freundlichst eingesandt worden ist. Diese Exemplare stimmen
genau mit v. Keyserling's Abbildung a. a. O. Taf. 14, Fig. 1 überein und
lassen keinen Zweifel über die Identität beider aufkommen. Wir haben desshalb den älteren Namen aufrecht erhalten müssen. Dass diese Art zu *Clidophorus* oder *Pleurophorus*, und weder zu *Modiola*, noch zu *Cardinia*, wohin sie
Meek und Hayden verweisen möchten (Proc. Ac. Philadelphia, 1859, p. 29),
gehört, folgt unmittelbar aus dem Vorhandensein einer tiefen Furche, welche
auf dem Steinkerne dicht vor dem Wirbel, senkrecht zu dem Schlossrande,
eine Strecke weit nach unten läuft, und der für jene Gattungen charakteristi-
schen Leiste im Innern der Schale entspricht. v. Keyserling hat sie schon
richtig dargestellt.

Diese Art unterscheidet sich von anderen Arten der Gattungen *Clidophorus* und *Pleurophorus* durch die allmähliche Verschmälerung ihrer ver-
längerten Schalen nach hinten, während jene sich nach hinten zu erweitern
pflegen. Ihr vorderes und hinteres Ende sind gerundet, der untere Rand ist
fast geradlinig oder etwas eingebogen, der Schlossrand läuft damit fast parallel,
der darüber etwas vorstehende Wirbel liegt sehr nahe dem vorderen Ende,
biegt sich deutlich nach vorn und von ihm läuft eine stumpfe Kante mit einer
sanften Biegung nach dem unteren Theile des hinteren Schalenrandes, oberhalb
welcher die Schale mit einer Rundung dem Schlossrande zufällt.

Ausstrahlende Linien lassen sich auf den Steinkernen nur undeutlich
wahrnehmen. Sie fehlen auch auf dem von Keyserling abgebildeten Stein-

kerne, während sie Taf. 10, Fig. 22 (Petschoraland) und in Schrenk's Reise (Taf. IV, F. 34) auf dem oberen Theile der Schale deutlicher sind.

Vorkommen: Diese für die permischen Schichten Russlands charakteristische Art ist von Meek und Hayden zuerst bei Smoky-Hill Fork in Kansas, dann aber auch bei Cottonwood Creek in Kansas aufgefunden worden, wodurch die Analogie jener Russischen Schichten mit denen in Kansas von neuem hervorleuchtet.

39. *Cl. solenoides* Gein. — Tab. II, Fig. 7.

Die kleine solenartige Schale ist sehr lang gestreckt, flach gewölbt, vorn gerundet und nach hinten sich nur wenig verschmälernd, mit einem stumpfen Ende. Ihre Länge verhält sich zur grössten Höhe wie 4:1. Der kleine niedergedrückte Wirbel tritt in der unmittelbaren Nähe des vorderen Endes so wenig hervor, dass man seine Lage an Steinkernen fast nur an einer kurzen, ihn nach vorn begrenzenden Furche erkennt, welche der inneren Leiste in der Schale dieser Gattung entspricht. Auf dem zuerst kielartigen, dann gerundeten Rücken, der sich von der Spitze des Wirbels nach dem hinteren Schalenende zieht, sind 2—3 sehr undeutliche ausstrahlende Linien bemerkbar. Der Unterrand ist so flach gewölbt, dass er eine Strecke weit dem Schlossrande fast parallel läuft. Die Oberfläche ist mit zarten concentrischen Anwachslinien dicht bedeckt.

Vorkommen: In dem bunten Mergelthone C. c^{IV}. (Nr. 48) von Nebraska-City.

Aucella v. Keyserling, 1846.

40. *A. Hausmanni* Goldf. sp. — Tab. II, Fig. 8.

1861. Geinitz, Dyas, p. 72, Taf. XIV, F. 8—16.
1858. *Mytilus squamosus* Swallow & Hawn, Trans. Ac. Sc., St. Louis, Vol. I, Nr. 2, p. 18.
1859. *Myalina squamosa* Meek & Hayden, Proc. Ac. of Philadelphia, p. 29.

Wesshalb man diese Art weder zu *Mytilus* noch zu *Myalina* de Kon. stellen kann, ist schon in der Dyas, p. 73, hervorgehoben worden. Ein

Hauptgrund ist die Ungleichklappigkeit ihrer Schalen. Das Tab. II, Fig. 8 abgebildete Exemplar liegt auf einer an Versteinerungen reichen Kalkplatte aus der Etage C. c^V. (Nr. 61) von Nebraska-City.

Die genannten amerikanischen Geologen haben diese für den Zechstein Europas bezeichnende Art in den permischen Schichten von Cotton wood und bei Kansas Falls oberhalb Fort Riley nachgewiesen.

Mytilus L., 1758.

41. *M. concavus?* Swallow. — Tab. II, Fig. 9.

1858. *Mytilus (Myalina?) concavus* Swallow & Hawn, Trans. Ac. Sci., St. Louis, Vol. I, p. 2, Nr. 18.

Das hier abgebildete Exemplar aus dem bunten Mergelthone C. c^{IV}. (Nr. 48) von Nebraska-City stimmt mit der Beschreibung Swallow's gut überein und lässt sich nicht, wie Meek und Hayden (Proc. Ac. Philadelphia, 1859, p. 28) vermuthen, mit *Myalina perattenuata* vereinen. Die nur 23 mm. lange Schale hat eine schief-ei-lanzettförmige Gestalt, indem der gerade Schlossrand weit länger ist, als bei *Aucella Hausmanni* und bei *Myalina perattenuata*.

Die vordere, etwas concave Seite nimmt fast die grösste Länge der ganzen Schale ein, der Wirbel erscheint, vielleicht durch das Vorhandensein eines hier undeutlichen Ohres, etwas stumpf. Die Schale ist zwar sehr dünn, besteht jedoch aus dachziegelartig übergreifenden Auwachsblättern, welche von Swallow ausdrücklich hervorgehoben werden. Die stärkere Wölbung der Schale an der vorderen Seite, gegenüber ihrer flachen Ausbreitung nach dem Schlossrande hin, bedingen die Richtung der concentrischen Streifung, die nächst dem Vorderrande nur schwach divergirend erscheint. Ueber die richtige Stellung der Art zu *Mytilus* giebt dieses Exemplar keinen Aufschluss.

Vorkommen: Nach Hawn in den permischen Schichten des Kansas-Thales.

Myalina de Koninck, 1842—1844.

42. *M. perattenuata* Meek & Hayden. — Tab. II, Fig. 10. 11.

1858. Meek & Hayden, Trans. Albany Institute, Vol. IV, March. 2, p. 6.
1858. *Mytilus (Myalina) Permianus* Swallow, Trans. Ac. Sci., St. Louis, Vol. I, Nr. 2, p. 17.
1859. *Myalina perattenuata* Meek & Hayden, Proc. Ac. Philadelphia, Jan., p. 28.
1863. Desgl., Dana, Manual of Geology, p. 370, F. 612.

Abbildungen dieser in Nebraska noch nicht beobachteten Art geben wir nach Exemplaren von Cotton Wood Creek in Kansas, welche wir gleichfalls Prof. Dana verdanken, um unsere deutschen Freunde des Zechsteins auch mit dieser amerikanischen Form bekannt zu machen. Die an dem einen Steinkerne noch befindlichen Spuren der gefurchten Bandfläche sprechen dafür, dass diese Art ihre richtige Stellung bei *Myalina* gefunden hat. Der Umriss der ziemlich grossen Schale ist etwas vierseitig, was sie von den beiden vorigen Arten wesentlich unterscheidet.

Die lange, steil abfallende vordere Seite ist bis über die Mitte der Länge schwach concav, ähnlich wie bei *Mytilus concavus,* der Schlossrand ist dagegen weit kürzer und bildet mit der vorderen Seite einen viel weniger spitzen Winkel als dort, so dass der daran stossende Hinterrand der Schale eine ansehnliche Strecke weit ziemlich parallel mit dem Vorderrande läuft. Der Wirbel ist lang und spitz, der ihm entgegenstehende Schalenrand ist schief gerundet. An Steinkernen bemerkt man in der Mitte zwischen Schlossrand und Vorderrand eine von dem Wirbel ausstrahlende Furche.

Die Identität von *Mytilus (Myalina) Permianus* Sw. mit *Myalina perattenuata* ist schon durch Meek und Hayden erwiesen worden.

43. *M. subquadrata* Shumard. — Tab. III, Fig. 25. 26.

1855. G. C. Swallow, the first and second Annual Reports of the Geological Survey of Missouri II, p. 207, Pl. C. F. 17.

Die grosse dickblätterige Schale nähert sich einem rechtwinkeligen Viereck, indem der lange geradlinige Schlossrand sich mit dem langen Hinterrande der Schale rechtwinkelig verbindet, während der Vorderrand stark concav

4 *

und der Unterrand halbkreisförmig gerundet ist. Der spitze Winkel liegt ganz
an dem vorderen Ende des Schlossrandes.

Der flachgewölbte Schalentheil, welcher an der vorderen Seite mit einer
Rundung schnell abfällt, wird durch eine flache Bucht von dem breiten und
langen, flachen und rechtwinkeligen Flügel undeutlich geschieden.

Die Oberfläche wird von concentrischen, etwas blätterigen Anwachsstreifen bedeckt, welche der breiten, tiefgefurchten, blätterigen Bandfläche entsprechen.

Vorkommen: Das von Shumard beschriebene Exemplar ist durch
Professor Swallow in der oberen Steinkohlenformation am Missouri-Strome,
2 Meilen unterhalb der Mündung der kleinen Nemaha, entdeckt worden; Prof.
Marcou sandte mir zwei sich ergänzende, mit dieser Art gut übereinstimmende
Bruchstücke aus C. c^V. (Nr. 55) von Nebraska-City.

Nach Meek und Hayden kommt sie auch in der oberen Kohlen-
formation des Kansas-Thales vor.

Avicula Klein, 1753, Lamarck, 1801. (*Monotis* Bronn, 1830.)

44. *A. speluncaria* Schloth. sp. — Tab. II, Fig. 12.

1816—17. *Gryphites speluncarius* v. Schlotheim, Denkschriften d. K. Ac. d. Wiss.
        zu München, p. 30, tb. 5, F. 1.
1829. *Av. gryphaeoides* Sedgwick, Trans. Geol. Soc. London, III, 1, p. 119.
1845. *Ostrea matercula* de Vern., M. V. K., Russia and Ural Mountains, II, p. 330,
        Pl. 21, F. 13.
1850. *Monotis spelunc., M. radialis* et *Mon. Garforthensis* King, Mon. Perm. Foss.,
        p. 155, 157, Pl. 13, F. 5—25.
1858. *Mon. spel. Var. americana* et *Mon. radialis, ? Mon. Halli* et *? Mon. variabilis*
        Swallow & Hawn, the Rocks of Kansas, Trans. Ac. Sci., St. Louis, Vol. I,
        Nr. 2, p. 15—17.
1858. *Mon. Hawni* Meek & Hayden, Trans. Albany Inst., Vol. IV, March. 2, p. 5.
1859. Desgl., Meek & Hayden, Proc. Ac. of Philadelphia, p. 28.
1861. *Av. speluncaria* Geinitz, Dyas, p. 74, Taf. XIV, F. 5—7.
1863. *Monotis Hawni* Dana, Manual of Geology, p. 370, F. 611.

Die uns durch Prof. Marcou übersandten Exemplare aus Nebraska
und eine ausgezeichnete Platte mit zahlreichen Exemplaren der *Monotis Hawni*

von Cottonwood Creek in Kansas, womit uns Prof. Dana erfreut hat, bieten Veranlassung, hier noch einmal auf diese vielgestaltige Art zurückzukommen. Unterdessen bot sich mir auch eine erwünschte Gelegenheit dar, eine Reihe von Exemplaren der *Ostrea matercula* de Vern. aus Russland einzusehen, die meine frühere Vermuthung, dass auch sie zu *Avicula speluncaria* gehöre, vollkommen bestätigt haben.

Die Stellung der Art bei *Avicula* ist ebenso gerechtfertiget, als bei *Monotis*, wesshalb wir in dieser Beziehung dem Vorgange von Quenstadt (1835), v. Keyserling (1846), d'Orbigny (1850), v. Grünewaldt (1851), v. Schauroth (1856) auch heute noch folgen. Will man ihr dennoch eine andere Stellung anweisen, so würde es die Gattung *Aucella* sein, zu der sie wohl die nächsten Beziehungen hat.

Meek und Hayden haben 1859 hervorgehoben, dass sie bei keiner der amerikanischen Abänderungen der *Monotis Hawni* den Wirbel der grösseren oder linken Schale so weit über den Schlossrand hervorstehend gefunden haben, wie dies in dem normalsten Zustande der *Monotis speluncaria* (King, Mon. Pl. 13, F. 5. 6. 7. 8) der Fall sei, und dass der ersteren ebenso jene von dem Wirbel nach unten laufende Furche fehle, welche in diesen Abbildungen so schön wiedergegeben ist.

Ich muss in diesen Beziehungen darauf aufmerksam machen, dass die normale Form dieser Muschel, mit einer oft hohen Wölbung der grösseren Schale an ihrer vorderen Seite, zumeist einer leichten Krümmung derselben nach rechts (oder hinten), einem stärker vorragenden Wirbel und einer meist stark ausgeprägten Furche, die einen flachgewölbten und äusserlich gerundeten hinteren Flügel abtrennt, ganz vorzugsweise auf die alten Korallenriffe des mittleren Zechsteindolomites beschränkt ist, wo sich dieselbe recht ruhig entwickeln konnte. Hierzu gehören in Deutschland besonders die Altenburg bei Pösneck, der Schlossberg bei Könitz und die Felsen von Glücksbrunn oder Altenstein in Thüringen, in England aber Humbleton Hill und Tunstall Hill bei Sunderland, von welchen letzteren Fundorten auch jene bei King abgebildeten Exemplare stammen.

Doch finden sich stets in ihrer Begleitung auch jüngere, mehr gleichseitige Exemplare von geringerer Wölbung und mit nur wenig vorstehendem Wirbel, wie Pl. 13, F. 13 u. 14 oder *Monotis radialis* King, Pl. 13, F.

und 23, und man kann bei den leicht nachzuweisenden Uebergängen der einen in die anderen sie in keinem Falle von *Avicula speluncaria* abtrennen.

An vielen anderen Fundorten in Deutschland, im Gebiete des unteren Zechsteins namentlich, verliert die Schale mit zunehmender Grösse meist auch jene normale Beschaffenheit, sie erscheint meist schwächer gewölbt, die grösste Höhe der Wölbung nähert sich mehr dem mittleren Theile der Schale, wodurch auch die Krümmung nach rechts oder hinten verschwindet, und es verbleibt oft nur noch eine schwache Furche zur Abtrennung eines mehr oder minder breiten hinteren Flügels. Diese Beschaffenheit entspricht sowohl jungen von King und Geinitz abgebildeten Schalen der *Avicula (Monotis) speluncaria*, als auch den alten von King als *Mon. Garforthensis* unterschiedenen Individuen.

Die sehr veränderliche Bedeckung der Schale, die von demselben Fundorte von einer fast glatten Beschaffenheit in eine durch ungleiche ausstrahlende Linien oder selbst beschuppte Falten ausgezeichnete Oberfläche übergeht, kann am allerwenigsten hier einen Anhaltepunkt zur Trennung in verschiedene Species abgeben.

Wir können daher *Mon. Hawni* der amerikanischen Geologen, an welcher nach Exemplaren von Kansas jene hintere Furche keineswegs fehlt, von *Avicula speluncaria* nicht trennen und müssen, wenigstens nach den darüber veröffentlichten Beschreibungen zu schliessen, auch *Mon. Halli, Mon. radialis* und *Mon. variabilis* Swallow ihrem Formenkreise anschliessen. Ja es nähern sich einige Exemplare von Kansas gar sehr der ältesten trefflichen Abbildung dieser Art von Glücksbrunn.

Vorkommen: In Europa geht *Avicula speluncaria* von den tiefsten Schichten der Zechsteinformation bis in den mittleren Zechstein hinauf, im oberen Zechsteine kennt man diese Art noch nicht.

Verschiedene Varietäten von ihr kommen bei Cotton wood Creek, bei Smoky-Hill Fork, Council Grove in Kansas, sowie in den versteinerungsreichen Kalkplatten C. c^V. (Nr. 61) bei Nebraska-City vor.

45. *A. pinnaeformis* Gein., 1857. — Tab. II, Fig. 13.

1839. *Pinna prisca* Münster, Beiträge I, p. 45, tb. 4. F. 1.
1848. *Solen pinnaeformis* Geinitz, deutscher Zechstein, p. 8.
1861. Geinitz, Dyas, p. 77, Taf. XIV, F. 1—4.

Wenn auch weit kleiner und dünnschaliger, als in dem Zechsteine Deutschlands, ist diese ausgezeichnete Form doch auch in Nebraska vertreten. Der kleine, fast verschwindende Wirbel liegt sehr nahe dem vorderen Ende des langen geradlinigen Schlossrandes, der fast die grösste Länge der Schale bezeichnet. Der kleine stumpfe vordere Flügel tritt an der amerikanischen Form noch schwächer hervor wie an der deutschen, was man indess wohl nur dem jüngeren Alter der uns vorliegenden Exemplare zuschreiben kann. Die die Schale bedeckenden Anwachsstreifen bilden mit dem Schlossrande ziemlich einen rechten Winkel, biegen sich auf der unteren Hälfte der Schale unter einem Bogen schnell vorwärts und laufen in der Nähe des Unterrandes fast parallel. In geringer Entfernung von der wulstförmigen Bandfläche läuft eine hiermit divergirende Furche von dem Wirbel nach hinten, welche am meisten unserer früheren Abbildung (Dyas Taf. XIV, Fig. 4) entspricht.

Es ist zu vermuthen, dass *Pinna peracuta* Shumard (Trans. Ac. Sci., St. Louis, Vol. I, Nr. 2, p. 19), welche Swallow in der oberen Steinkohlen-formation am Missouri bei Jowa Point aufgefunden hat, damit identisch ist.

Vorkommen: In dem bunten Mergelthone C c^{IV}. (Nr. 48) von Nebraska-City, wo sie mit *Spirifer plano-convexus* Shum. und *Guilielmites permianus* Gein. zusammenliegt.

Ob ein 30 cm. langes Schalenstück von Bennetts-Mill, 3 Meilen NW. von Nebraska-City (B. b^{II}. Nr. 19) hierzu gehört, ist mindestens zweifelhaft. Dasselbe erweitert sich von 1$_{,5}$ cm. bis zu 4$_{,5}$ cm. Breite, ist fast gerade gestreckt und war nur schwach gewölbt. Es übertrifft sogar die von Mc Coy (Brit. Palaeoz. Rocks Pl. 3 E. F. 9 abgebildete *Pinna spatula* aus dem Kohlenkalke von Derbyshire um das Doppelte der Länge.

Gervillia Defrance, 1820 (*Bakevellia* King, 1848).

46. *G. parva* Meck & Hayden. — Tab. II, Fig. 14.

1858. *Bakevellia parva* Meck & Hayden, Trans. Albany Institute, Vol. IV,
        March. 2, p. 7.
1858. *Bak. antiqua* Mün., Swallow & Hawn, Trans. Ac. Sci., St. Louis, Vol. I,
        Nr. 2, p. 19.
1859. *Bak. parva* Meck & Hayden, Proc. Ac. of Philadelphia, Jan., p. 29.
1863. Desgl. Dana, Man. of Geol., p. 370, F. 613.

Exemplare aus dem Zechsteine von Cotton wood Creek in Kansas, die
mit *Avicula speluncaria* zusammenliegen, bürgen für die Selbstständigkeit dieser
Art. Unter den deutschen und englischen Formen tritt sie der *Gerv. antiqua*
Mün. am nächsten, unterscheidet sich aber von der normalen Form derselben
(Goldfuss Petr. Germ. II, Taf. 116, F. 7, und Geinitz, Dyas Taf. 14,
F. 17—19) durch eine deutlichere Ausbuchtung in der vorderen Hälfte des
Unterrandes und an dem hinteren Flügel. Sie wird meist nur gegen 6 mm.
lang, während *G. antiqua* oft eine weit bedeutendere Grösse erreicht.

In den Schichten von Nebraska sind wir ihr nicht begegnet.

47. *G. longa* Gein. — Tab. II, Fig. 15.

Die nach hinten sehr verlängerte Schale ist schmal und mit einem von dem
Wirbel nach dem hinteren Ende laufenden scharfen Kiele versehen, von welchem
der untere Schalentheil mit einer leichten Wölbung, der obere Theil aber steil
abfällt und dem Flügel zunächst sogar eingedrückt ist. Der letztere ist verhältnissmässig klein und wird durch eine tiefe Ausbuchtung zuletzt zungenartig.
Vor dem Wirbel liegt ein kleiner Flügel, der an der linken Schale spitzwinkelig ist. Die Breite des ganzen Schlossrandes verhält sich zur Länge
oder Breite der ganzen Schale etwa wie 3:5. Der Unterrand läuft grossen-
theils dem Hauptkiele der Schale ziemlich parallel, bildet in seiner vorderen
Hälfte eine sanfte Ausbuchtung und stellt sich an dem hinteren verschmälerten
Ende der Schale fast parallel zu dem Schlossrande. Die fast glatte Oberfläche
lässt nur feine unregelmässigen Anwachsstreifen erkennen.

Unter den aus Amerika beschriebenen Arten scheint *Bakevellia pulchra*
Swallow (Trans. Ac. Sci., St. Louis, Vol. I, Nr. 2, p. 19) ihr nahe zu stehen.

Vorkommen: In dem bunten Mergelthone C. c^{IV}. (Nr. 48) von Nebraska-City, sowie bis zu 40 mm. Länge in den Kalkplatten C. c^{V}. (Nr. 61) dieses Profiles.

48. *(i. (an Avicula) sulcata* Gein. — Tab. II, Fig. 16.

Im Allgemeinen besitzt die Schale einen fast rhombischen Umriss, einen stark vorwärts und einwärts gebogenen Wirbel, hinter welchem die Schale neben einem kielartigen Rücken tief eingedrückt ist, bis sie sich in einem concaven Bogen nach dem hinteren Ende der Muschel allmählich verflacht. Der daran stossende hintere Flügel ist ausgebuchtet und variirt in seiner Breite. An den jüngsten Individuen pflegt er am grössten zu sein. Die vordere Seite verläuft mit einer Rundung allmählich in den schwach gebogenen Unterrand, woran das gerundete hintere Schalenende sich anreihet. Vor dem Wirbel liegt ein kleiner stumpfer Flügel. Das Charakteristische für diese an manche Avicula-Arten der Trias erinnernde Art liegt in zwei tiefen vom Wirbel ausstrahlenden Furchen, die auf dem vorderen Schalentheile bis an den Unterrand reichen. Eine dritte undeutlichere Furche strahlt von dem Wirbel eine Strecke weit auf dem mittleren Theile der Schale herab. Ziemlich regelmässige und deutliche concentrische Anwachslinien, die schon auf dem Flügel sehr bemerkbar sind, treten am stärksten an der Grenze jener ausstrahlenden Furchen und den diese begrenzenden Leisten hervor. Die rechte Schale ist weniger vollständig bekannt, doch scheint sie in ihrer Wölbung der linken Schale ziemlich genau zu entsprechen.

Vorkommen: In den Kalkplatten C. c^{V}. (Nr. 61) von Nebraska-City.

Pecten Gualtieri, 1742, Müller 1776.

49. *P. neglectus* Gein. — Tab. II, Fig. 17.

Eine kleine, fast gleichseitige, glattschalige Art, die in Nebraska den *Pecten pusillus* Schl. im deutschen und englischen Zechsteine vertritt. Sie wird ebenso breit als lang, ihre grösste Breite liegt aber in der unteren Hälfte der Länge, da die Seiten etwas länger ausgedehnt sind, als bei *P. pusillus*. Der untere Rand der Schale ist halbkreisförmig. Die Schale ist weit flacher gewölbt, als bei *P. pusillus*, und an ihrer vorderen Seite schief abgeschnitten. Das vordere Ohr ist etwas spitzwinkelig und schwach ausgebuchtet, das hintere gross und stumpfwinkelig. Beide Ohren, welche relativ grösser sind, als bei *P. pusillus*, werden durch mehrere ausstrahlende Linien verziert, worin ein wesentlicher Unterschied von jener Art liegt. Bis 6 mm. gross.

      Vorkommen: In dem bunten Mergelthone C. c^{IV}. (Nr. 48) von Nebraska-City.

      50. *P. grandaevus?* Goldf.

      1834—1840. Goldfuss, Petr. Germ. II, p. 41, Taf. 88, F. 10.

      Von Plattesmouth liegt eine rechte Schale eines flach-gewölbten *Pecten* von etwa 35 mm. Länge und Breite vor, die sich durch ihren schief-oval-kreisrunden Umriss und ihre eigenthümliche Bedeckung jener aus der unteren Carbonformation von Herborn in Nassau sehr nähert. Die Schale fällt an dem kurzen Hinterrande der Schale nach dem, wie es scheint, stumpfen Ohre stärker gewölbt ab, als nach dem etwas längeren und sich mehr verflachenden Vorderrande. Ihre Oberfläche ist mit zahlreichen, etwas ungleichen und unregelmässigen ausstrahlenden Linien bedeckt, über welche ungleiche concentrische Anwachslinien hinweglaufen, durch welche eine grössere Anzahl der ausstrahlenden Linien, und insbesondere die nach den Seiten hin gelegenen, mit zarten Stacheln oder Spitzen bedeckt werden. Die in den mittleren Schalentheilen sich ausbreitenden Linien sind meistens glatt. Das hintere Ohr ist mit blätterigen Anwachslinien und einigen ausstrahlenden stärkeren Linien bedeckt, während die Beschaffenheit des vorderen Ohres und des Schlossrandes hier nicht erkennbar sind. Daher kann auch der Vergleich mit der deutschen Art nur noch ein unvollständiger sein und es ist noch hervorzuheben, dass bei dieser die ausstrahlenden Linien noch entfernter liegen, wie an dem Exemplare von Plattesmouth, was jedoch wohl auf Kosten seines weiter vorgeschrittenen Alters kommen dürfte.

51.*P. Missouriensis?* Shumard. — Tab. II, Fig. 18.

1855. Swallow, Ann. Rep. Geol. Surv. of Missouri, II, p. 207. Pl. C. F. 16.

Die eine Schale ist oval, gleichmässig und stark gewölbt an beiden Seiten, die sich etwa bis zur halben Länge der Schale herabziehen, etwas comprimirt und verläuft in einen spitzen niedergebogenen Wirbel, welcher den langen Schlossrand nur wenig überragt. Zu beiden Seiten breiten sich grosse Ohren aus, welche mit einer flachen Ausbuchtung an die scharf begrenzten Seiten der Schale anstossen. Nur das vordere Ohr ist mit einer grösseren Anzahl ausstrahlender Linien bedeckt, das hintere Ohr zeigt dagegen nur etwas blätterige Anwachsstreifen, die parallel seinem äusseren Rande laufen. Die ganze übrige Oberfläche der Schale ist von ausstrahlenden, eng an einander liegenden flachgerundeten Rippen bedeckt, die mehr oder minder regelmässig mit feineren Linien abwechseln, von denen je eine sich zu verschiedenen Malen zwischen zwei stärkeren Linien einsetzt. Nur ausnahmsweise sieht man eine stärkere Rippe sich in zwei ungleiche Theile zerspalten, das Gesetz für die Vermehrung der Rippen und Linien ist die Einsetzung.

Nach unserer Anschauung würde die von Shumard gegebene Abbildung nur einem jungen Exemplare dieser Art entsprechen, wofern das Gesetz für die Vermehrung der Rippen (statt einer Gabelung) auch hier Anerkennung finden sollte. Es liegen uns ähnliche jüngere Exemplare von Nebraska vor, welche genau mit jener Abbildung stimmen, denn diese Abbildung lässt ebenfalls nur eine Einsetzung von Linien, nicht eine Dichotomie der Rippen erkennen. Die andere Schale ist weit schwächer gewölbt als die vorher beschriebene.

Vorkommen: Nach Shumard ist *Pecten Missouriensis* charakteristisch für die obere quarzige Partie des Kalksteins von St. Louis; wahrscheinlich fallen die von Professor Marcou in einem weissen Kalkstein bei Plattesmouth gesammelten Exemplare nahezu in denselben geologischen Horizont; sie kommen jedoch noch recht deutlich in jungen und älteren Exemplaren in dem weit höheren Niveau der Etage C. c^v. (Nr. 61) bei Nebraska-City vor.

Unsere Abbildung ist von einer Kalkplatte aus dieser Schicht entnommen, welche Prof. Marcou unserem K. mineralog. Museum freundlichst überlassen hat.

52. *P. Hawni* Gein. — Tab. II, Fig. 19.

Wir widmen diese Art als eine der ausgezeichnetesten Formen in der
Dyas von Nebraska den um die Erforschung dyadischer Schichten in Nordamerika hochverdienten Major Hawn.

Ihre Schale ist von mittler Grösse, kreisrund, durch eine längere hintere Seite etwas schief, mit langen spitz ausgezogenen Ohren und einem Sinus
zwischen jedem Ohr und den angrenzenden Seiten, welcher besonders an dem
grösseren hinteren Ohre eine weite und tiefe Bucht bildet. Der Schlossrand
überragt oft die grösste Breite der Schale und ist von einer an Stärke zu-
nehmenden Wulst begrenzt. Die Schale ist flach gewölbt und mit etwa 15
regelmässigen dachförmigen Rippen bedeckt, die von dem Wirbel nach dem
Rande strahlen und diesen dornig-gezähnt erscheinen lassen. Jede dieser
Falten besteht aus einer schmalen Mittelrippe, an deren Seiten sich 1—2
schwächere Streifen anschmiegen. Die Zwischenräume der Falten sind anfangs
flach und werden nach unten hin rinnenartig vertieft. Zarte concentrische
Anwachslinien treten im ersteren Falle deutlicher vor, später stellen sich auf
der Schale mehrere dachziegelförmige Blätterlagen ein.

Vorkommen: In dem bunten Mergelthone C. c^IV. (Nr. 48) von Nebraska-City.

Lima Bruguière, 1791.

53. *L. retifera?* Shumard. — Tab. II, Fig. 20. 21.

1858. Shumard & Swallow, Trans. Ac. Sci., St. Louis, Vol. I, Nr. 2, p. 19.

Nach der hier gegebenen Beschreibung dieser in der Steinkohlenformation des Verdigris-Thales in Kansas entdeckten Art zweifeln wir kaum
an einer Identität mit der uns aus Nebraska zugegangenen *Lima*.

Dieselbe ist schief-oval, flach-gewölbt, an der vorderen Seite gerundet
und mit einem kleinen stumpfwinkeligen Ohre versehen, an der hinteren Seite
in der Nähe des langen, sanft eingebogenen und ebenfalls stumpfwinkeligen
Ohres schwach eingedrückt.

Etwas vor der Mitte des kurzen Schlossrandes liegt der kaum darüber
vorragende Wirbel, aus dessen Nähe gegen 25 einfache, fast gleichartige,

Rhynchonella angulata, Linn.

This roundish three sided shell, is less broad than long, and on the interlocking edges most somewhat compressed. The larger valve usually reaches its greatest breadth in the middle (traverses a short angular snout(?)) in the vicinity of which it is uniformly vaulted. A short distance above the middle there originate several strong roof-like folds of which 2 or 3 groups themselves upon both sides of a proportionately narrow median sinus which deepens towards the front border. The smaller shell is most vaulted a little above the middle, and is covered with similar ribs, which alternate with those of the opposite valve. The whole surface, ribs and the corresponding interspaces, are covered with fine regular longitudinal striae, through which we are reminded of _Othis striata_.

Habitat. This rare and beautiful Terebratula, which until now appears to have been known only in the Carboniferous limestone of Visé, Dublin, Cork, and the Isle of Man, is found among the fossils of Nebraska, as indicated by several specimens from C. C (No.39) at Nebraska City, and by one specimen from Bennets Mill at Nebraska City from the B.L. (No 24).

scharfe Rippen bis an den Aussenrand strahlen. Diese sind durch gleichbreite oder theilweise breitere Zwischenräume von einander getrennt, die durch feine, ziemlich regelmässige Anwachsstreifen durchkreuzt werden. Auf unseren Steinkernen treten dieselben nur undeutlich hervor. Die Ohren sind von ausstrahlenden Linien befreiet.

Vorkommen: In den bunten Mergelthonen C. c^{IV}. (Nr. 48) von Nebraska-City.

4. Ordn. Brachiopoda.

Rhynchonella Fischer, 1809.

54. *Rh. angulata* L. — Tab. III, Fig. 1—4.

1836. *Terebratula excavata* Phill., Geol. of Yorkshire, II, p. 223, Pl. XII, F. 24.
1842—1844. *Ter. angulata* de Koninck, Descr. des Anim. Foss., p. 284, Pl. XIX, F. 1.

Ihre rundlich-dreiseitige Schale ist wenig breiter als lang und an den langen Schlosskanten meist etwas zusammengedrückt. Die grössere Schale, welche ihre grösste Breite in der Mitte zu erreichen pflegt, besitzt einen kurzen spitzen Wirbel, in dessen Nähe sie gleichmässig gewölbt ist. Etwas oberhalb der Mitte entspringen mehrere starke, dachförmige Falten, von denen 2—3 sich auf beiden Seiten eines verhältnissmässig schmalen, nach dem Stirnrande sich vertiefenden mittleren Sinus gruppiren. Die kleinere Schale ist wenig über der Mitte am stärksten gewölbt und ist von ähnlichen Rippen bedeckt, welche mit jenen der anderen Schale alterniren. Die ganze Oberfläche, Rippen und die denselben entsprechenden Zwischenräume, sind mit feinen regelmässigen Längsstreifen bedeckt, wodurch sie an jene der *Orthis striatocostata* erinnert.

Vorkommen: Auch diese seltene und ausgezeichnete Terebratel, die man bis jetzt nur aus dem Kohlenkalke von Visé, Dublin, Cork und Isle of Man gekannt zu haben scheint, findet sich unter den Fossilien von Nebraska, wo sie in mehreren Exemplaren aus C. c^{II}. (Nr. 39) bei Nebraska-City und in einem Exemplare von Bennetts Mill bei Nebraska-City aus Schicht B. b. (Nr. 14) herrührt.

Camarophoria King, 1846.

55. *C. globulina* Phill. — Tab. III, Fig 5.

1850. King, a Monograph of the Permian Fossils of England. p. 120, Pl. VII, F. 22—25.

1861. *C. Schlotheimi var. globulina,* Geinitz, Dyas I, p. 85, Taf. 15, F. 42—44.

Es soll hier die Frage unberührt bleiben, ob *C. globulina* nur eine Varietät der C. Schlotheimi sei, wie ich versucht habe, in meiner Dyas zu erweisen. Ebensowenig können wir nach den aus Nebraska vorliegenden Exemplaren einen Schluss ziehen, ob die *C. globulina* des Zechsteins mit *C. rhomboidea* Phill. des Kohlenkalkes, oder ob C. Schlotheimi des Zechsteins mit *C. crumena* Mart. sp. identisch sind, was Davidson noch neuerdings (in seinem Monograph of Brit. Carbon. Brachiopoda, P. V, p. 113—118, 267. 268, Pl. LIV, F. 16—22) zu beweisen sucht. Ich erinnere in dieser Beziehung daran, dass es mir nicht schwer geworden ist, in Herrn Kirkby's Sammlung in Monk Wearmouth (Sunderland), ohne die Verschiedenheit der Fundorte zu kennen, die *Camarophoria* des Zechsteins durch ihren weiter vorragenden Schnabel von der des Kohlenkalkes zu unterscheiden. (Vgl. Dyas, p. 86.)

Unter den mir vom Prof. Marcou zur Untersuchung anvertrauten Exemplaren befindet sich ein Exemplar der *C. globulina* mit nur einer Falte im Sinus, welche von 2 Falten auf dem mittleren Wulst der kleineren Schale eingeschlossen werden, ganz wie es aus den Abbildungen von King und Geinitz hervorleuchtet. Dasselbe ist aus Schicht B. b. Nr. 13 von Bennetts-Mill in Nebraska; bei anderen etwas älteren Exemplaren aus Schicht C. c[II]. (Nr. 39) von Nebraska-City, von denen das eine abgebildet worden ist, liegen 3 Falten im Sinus und 4 auf dem Wulst. Diese entsprechen Davidson's Abbildung a. a. O. Pl. LIV, F. 25.

Beide Formen reihen sich sehr natürlich an die Zechsteinart an, während sie sich nur gezwungen an die von Phillips (Geology of Yorkshire, 1836, Pl. XII, F. 18—20) gegebenen Originalabbildungen der *Terebratula rhomboidea* anschliessen lassen.

Die von Marcou (Geol. of North-America 1858, p. 51, Pl. VI, F. 12) beschriebene *Terebratula Uta* erscheint ihr zwar ähnlich, unterscheidet sich jedoch durch einen mehr rhombischen Umriss und durch die weit höhere Aufrichtung der kleineren Schale an ihrem Stirnrande.

Retzia King, 1849.

56. R. Mormonii Marc. — Tab. III, Fig. 6.

1858.   Terebratula Mormonii Marcou, Geology of North America, p. 51, Pl. VI, F. 11.

1858.   Retzia punctilifera Shumard, Descr. of New Fossils from the Coal Measures of Missouri and Kansas. (Trans. Ac. Sc., St. Louis, Vol. I, Nr. 2, p. 25.)

1859.   Retzia Mormonii Meek & Hayden, Proc. of the Ac. of Nat. Sc. of Philadelphia, p. 27.

1864.   Retzia compressa Meek, Palaeontology of California, Vol. I, p. 14, Pl. 2, F. 7.

Eine kleine Muschel von ovalem Umriss, etwas länger als breit, mit gleichmässig gewölbten Schalen, welche von 10—12, bei älteren Exemplaren von 14—17 einfachen gleichstarken gerundeten Rippen bedeckt sind, die ihren Anfang an der Spitze des Wirbels nehmen und durch gleichbreite Zwischenräume von einander getrennt sind. Die grössere Schale besitzt einen vorstehenden, etwas gebogenen Wirbel, dessen Ende schief abgestutzt und mit einer grossen runden Oeffnung versehen ist. Die darunter befindliche Area wird beiderseits von einer scharfen Kante begrenzt. In der Nähe des Stirnrandes sieht man an älteren Exemplaren zuweilen einen schwachen Sinus angedeutet, in welchem 2 Falten liegen. Dies scheint der einzige Unterschied zwischen Retzia punctilifera und R. Mormonii zu sein, an welcher letzteren weder Marcou noch Meek und Hayden eine Spur eines Sinus beobachtet haben. Unsere Exemplare stimmen auch in dieser Beziehung genau mit R. punctilifera, doch erscheint uns dieser Charakter nicht wichtig genug zu sein, um eine Trennung beider Arten festzuhalten. Wahrscheinlich tritt er, wie bei vielen anderen Terebrateln, mit zunehmendem Alter mehr und mehr hervor. Die Wölbung der kleineren Schale erreicht ihre grösste Höhe zwischen dem Wirbel und der Mitte.

Von Retzia radialis (Terebratula rad.) Phillips, Geol. of Yorkshire, II, Pl. XII, F. 40. 41) unterscheidet sich diese Art durch grössere Länge und weiter vorstehende Wirbel; auch hebt Davidson ausdrücklich hervor,- dass die Mittelrippe der kleineren Schale bei jener Art etwas stärker sein soll,

als die anderen Rippen. Indessen stehen einige von Davidson beschriebene
Abänderungen, wie namentlich die aus dem Pundschab in Indien (Mém. sur
les Foss. paléoz. rec. daus l'Inde, Liège 1863, p. 33, Pl. IX, F. 5) var.
grandicostata der *Retzia Mormonii* durch ihre längliche Form, ihren stärker
vorragenden Wirbel und die Gleichheit der Rippen mindestens sehr nahe.

In der Carbonformation von Californien wird *R. Mormonii* von *R. compressa* Meek vertreten, die man gleichfalls wohl nur als eine Varietät von
ihr betrachten kann. Ihr fehlt jede Spur eines Sinus, wie der normalen
R. Mormonii, und sie besitzt 10 — 11 einfache vorstehende, ausstrahlende
Rippen.

Vorkommen: *R. Mormonii* ward von Marcou im Bergkalke in der
Nähe der Hauptstadt der Mormonen, Great Salt Lake city entdeckt. Meek
& Hayden haben sie in der oberen Steinkohlenformation zwischen Manhattan
und dem Missouri in Kansas gefunden; die als *R. punctilifera* beschriebene
Varietät gehört gleichfalls der oberen Steinkohlenformation in Missouri und an
dem Ufer des Missouri unterhalb der Mündung des Platte River in Nebraska
an. Die uns vorliegenden Exemplare, welche dieser Abänderung angehören,
stammen von Plattesmouth in Nebraska (Nr. 78).

Athyris Mc Coy, 1844. (*Spirigera* d'Orb. 1847.)

57. *Ath. subtilita* Hall. — Tab. III, Fig. 7—9.

1852. *Terebratula subtilita* J. Hall.
1857. Desgl. Davidson, Mon. of Brit. Carb. Brach., P. V, p. 18. Pl. I, F. 21,
       22. (?) — Später: *Athyris subtilita.*
1858. Desgl. Marcou, Geol. of North Amer., p. 52, Pl. VI, F. 9.
1859. *Spirigera subt.* Meek & Hayden, Proc. of the Ac. of Nat. Sc. of Philadel-
       phia, p. 28.
1863? *Athyris subt.* Davidson & de Koninck, Mém. sur les Foss. paléoz. rec.
       dans l'Inde, p. 33, Pl. IX, F. 7. 8. Var. *grandis.*
1866. Desgl. Davidson, Quart. Journ. of the Geol. Soc. of London, p. 40,
       Pl. II, F. 2.

Diese glatte Terebratel tritt in ihrer äuseren Erscheinung der *Terebratula elongata Var. sufflata* Schloth. so nahe, dass man leicht geneigt sein
könnte, einige Zustände derselben damit zu vereinen, wenn nicht durch Shu-

mard zuerst (Trans. St. Louis Ac. Sc. V. 1) ihr innerer Spiralapparat und dadurch ihre ganz andere Stellung nachgewiesen worden wäre (vgl. Meek und Hayden l. c. 1859). Mir ist das Innere der Schalen nicht bekannt. Von dieser Art sowie von anderen Arten der Gattung *Athyris* oder *Spirigera* unterscheidet sie sich durch ihre langen Schlosskanten, die ihr eine oval-drei-seitige bis oval-fünfseitige Gestalt ertheilen, und durch eine schmale Furche, die sich aus der Nähe des Wirbels längs der Mitte der grösseren Schale bis an den Stirnrand zieht. Der letztere ist durch einen breiten tiefen Sinus ausgebuchtet und mehr oder weniger in eine Schleppe ausgezogen (vgl. die Abbildungen von Marcou). Beide Schalen sind mässig gewölbt, ich hatte keine Gelegenheit, an ihr eine ähnlich starke Wölbung wahrzunehmen, wie an der von Davidson unterschiedenen Var. *grandis*.

Ihre grösste Breite fällt, wie bei *Ter. elongata* und ihren Abänderungen, zwischen die Mitte und den Stirnrand der Schale. Die Oberfläche ist glatt und lässt nur unregelmässige Anwachsstreifen erkennen.

Der Wirbel der grösseren Schale ist soweit eingebogen, dass seine runde Oeffnung fast den Wirbel der kleinen Schale berührt und von einem Deltidium nicht viel zu erkennen ist. Die Area ist unbegrenzt und verläuft in einer ge-wölbten Fläche allmählich in die Biegung des Wirbels, was einen Unterschied von *Ter. elongata* und ihrer Varietäten bedingt, bei welcher Art die Area jederseits ein flaches Ohr bildet und von einer stumpfen Kante begrenzt ist.

Uebrigens ist die Form der *Ath. subtilita* sehr veränderlich. Eine der grössten und breitesten ist Fig. 7 abgebildet und man kann diese als die Normalform betrachten, an jüngeren Exemplaren tritt namentlich der Sinus weit schwächer hervor.

Bei jüngeren schmäleren Abänderungen wird auch die charakteristische Mittelfurche oft undeutlich, oder fällt mit dem eigentlichen Sinus zusammen, so dass man sie von den bauchigen Abänderungen der *Ter. elongata* (var. *suffi-lata*) Schl. des Zechsteins kaum mehr unterscheiden kann. Trotzdem würde es naturwidrig erscheinen, diese wenigen mit typischen Formen der *Ath. subtilita* zusammenliegenden Abänderungen davon zu trennen, und wir folgen hierin auch Davidson, welcher 1857 a. a. O. Fig. 22 sie gleichfalls zu *A. subtilita* gerechnet hat.

Vorkommen: Marcou beobachtete diese Art in grosser Häufigkeit in dem Bergkalke der Rocky Mountains, der Sierra Madre, Sierra de Mogoyon und in den Umgebungen des grossen Salzsees. Meek & Hayden verweisen ihren Horizont in die obere Steinkohlenformation, wo sie namentlich bei Manhattan in Kansas gewöhnlich ist. Ihr Vorkommen in Indien, besonders im Pundschab, ist durch Davidson erwiesen.

Zahlreiche Exemplare, die wir Prof. Marcou verdanken, stammen aus dem Bergkalke von Omaha-City in Nebraska, aus dem Kalke von Plattesmouth in Nebraska (Nr. 80), die der *Terebratula elongata* am nächsten stehende Varietät in einem Exemplare von Bennetts Mill aus B. b. (Nr. 16) und aus einem grauen Mergel der zur Dyas gehörenden Schicht C. c^II. (Nr. 38) von Nebraska-City.

58. *A. plano-sulcata* Phill. sp.

1842—1844. *Terebratula plano-sulcata* de Koninck, Descr. des Anim. Foss., p. 301, Pl. XXI, F. 1, e. f. i., Fig. 2, a—g.

1858. *Athyris plano-sulc.* Davidson, Mon. of Brit. Pal. Foss., P. V, 2, p. 80, Pl. XVI, F. 2—13. 15.

Vorkommen: Diese im Kohlenkalke von Tournay in Belgien und in England nicht seltene Art liegt in 2 jungen Exemplaren aus dem Kohlenkalke von Omaha-City in Nebraska und von Plattesmouth in Nebraska (Nr. 79) vor.

Spirifer Sow.

59. *Sp. plano-convexus* Shumard. — Tab. III, Fig. 10—18.

1855. *Spirifer plano-convexa* Shumard in the first and second annual Reports of the Geological Survey of Missouri, by G. C. Swallow, Jefferson-City, II, p. 202.

1859. Desgl. Meek & Hayden, Geol. Explor. in Kansas Territory, Proc. of the Ac. of Nat. St. of Philadelphia, p. 28.

1865. Desgl. Meek, on the Carboniferous Rocks etc. in American Journ., 2. ser., p. 159. 161.

Er vertritt in Nordamerika den *Spirifer Urii* Flem. der Carbonformation und den *Spirifer Clannyanus* King. des Zechsteins in Europa und kann leicht mit beiden verwechselt werden. Zu wiederholten Malen hat Davidson in seinen schätzbaren Arbeiten die grosse Aehnlichkeit zwischen diesen beiden Arten hervorgehoben und stellt sie zuletzt noch in „British Fossil Brachiopoda, Vol. II, London, 1857—1862" Pl. LIV, F. 14 und 15 neben einander als Varietäten einer Art. Dennoch sind constante Unterschiede auch zwischen diesen beiden vorhanden, welche sowohl durch Prof. King, als durch Geinitz (neues Jahrb. 1863, p. 392) hervorgehoben worden sind.

Von beiden unterscheidet sich die amerikanische Form durch eine sehr regelmässige halb-elliptische Rundung, welche die Seitenränder mit dem Stirnrande bilden, während bei jenen der Umfang der Schale mehr vierseitig-rundlich erscheint.

An der amerikanischen Form tritt ferner der schmale Sinus längs der Mitte der grösseren Schale an einigen Exemplaren zwar eben so deutlich hervor, als bei jenen, im Allgemeinen ist er jedoch weit schwächer angedeutet als dort.

Die kleine Schale ist endlich flacher als bei den beiden europäischen Arten.

Ihre fein-höckerige oder zart-stachelige Beschaffenheit der Oberfläche haben die gut erhaltenen Exemplare Nordamerika's mit jenen an Exemplaren der europäischen Formen gemein, doch ist dieselbe oft nicht erhalten und die Schale erscheint dann fast glatt.

Vorkommen: *Spirifer plano-convexus* ist sehr gemein in der oberen Steinkohlenformation am Missouri in der Nähe der Mündung des Platte River in Illinois und in zahllosen anderen Gegenden Nordamerika's, wo er nach Ausspruch der meisten amerikanischen Geologen nahezu denselben geologischen Horizont einnimmt.

Prof. Marcou hat ihn in grosser Anzahl in einem Kalkmergel bei Plattesmouth (Nr. 81), sowie in Etage C. c^{II}. (Nr. 35) bei Nebraska-City und in dem bunten Mergelthone desselben Profiles, Etage C. c^{IV}. (Nr. 48) aufgefunden, so dass diese Art aus der Steinkohlenformation in die Dyas hinübergegangen ist.

60. *Spirifer cameratus* Morton.

1836. Morton in Silliman, American Journ., Vol. 29, Pl. 2, F. 3.

1858. J. Hall, Report of the Geol. Surv. of the State of Jowa, by J. Hall and J. D. Whitney. Vol. I, Part. II, Palaeontology, p. 709, Pl. 28, F. 2.

1858. *Spirifer striatus* var. *triplicatus* Marcou, Geol. of North America, Zürich, p. 49, Pl. VII, F. 3.

1863. ? *Spirifer Moosakhailensis* Davidson & de Koninck, Mém. sur les Foss. paléoz. rec. dans l'Inde, p. 34, Pl. XI, F. 2.

1866. Desgl. Davidson, Quart. Journ. of the Geol. Soc. of London, p. 41, Pl. II, F. 5.

Diese Art schliesst sich zwar eng an diejenigen Abänderungen des *Spirifer striatus* Mart. sp. an, bei denen sich die Streifen büschelförmig zu grösseren Falten vereinigen (vgl. Davidson, a Monograph of British Carbon. Brachiopoda, Part. V, London, 1857, p. 19, Pl. II, F. 13 u. 14), dagegen fehlen unter sämmtlichen mir vorliegenden Exemplaren solche mit gleichartigen Streifen, die man dem normalen *Spirifer striatus* zurechnen könnte.

Es wäre demnach bei den amerikanischen Exemplaren die Ausnahme zum Gesetz erhoben worden.

Dass auch *Spirifer fasciger* Keyserling (Petschoraland, 1846, p. 231, Taf. VIII, F. 3) zu *Sp. cameratus* gehört, wird namentlich auch durch die neuere von M. v. Grünewaldt (Beitr. zur Kenntn. d. sedimentären Gebirgsformationen u. s. w., St. Petersburg 1860, p. 97, Taf. V, F. 1) für *Sp. fasciger* gegebene Beschreibung und Abbildung wahrscheinlich.

Unter den von Davidson aus dem Thale von Kaschmir und aus dem Pundschab in Indien beschriebenen Formen steht ihm *Spirifer Moosakhailensis* Dav. am nächsten und es kommt diese Art dort, wie *Sp. cameratus* in Nordamerika, mit *Athyris subtilita* und einigen anderen Leitformen zusammen vor.

Stoliczka bemerkt gleichfalls (in Memoirs of the Geol. Surv. of India, Vol. V, P. 1, p. 27), dass der in Spiti bei Muth, Kuling, Po und Losar, sowie im Pundschab häufig vorkommende *Spirifer Moosakhailensis* Dav. von gewissen, besonders den oben citirten Abänderungen des *Spir. striatus* var. *attenuatus* wohl kaum unterschieden werden könne.

Vorkommen: *Spirifer cameratus* bezeichnet nach J. Hall die Kalksteine der Steinkohlenformation und Gesteine von gleichem Alter in Ohio, Illinois, Jowa. Missouri, Nebraska, Neu-Mexico u. s. w.

Sp. fasciger Keys. wird aus dem oberen Bergkalke an der Soiwa und der Tsilma beschrieben.

Die von Prof. Marcou gesammelten Exemplare stammen aus dem Kohlenkalke von Bellevue und von Plattesmouth in Nebraska (Nr. 73 und 76), sowie aus Etage B. b¹. (Nr. 24) von Nebraska-City und B. b. (Nr. 16) von Bennetts Mill. NW. von Nebraska-City.

61. *Sp. Mosquensis* Fischer v. Waldheim.

Davidson, a Monograph of British Carboniferous Brachiopoda, Part. V, London, 1857, p. 22. Pl. IV, F. 13. 14.

Ein Exemplar dieser im Kohlenkalke Europa's vielfach aufgefundenen Art liegt mir von Plattesmouth in Nebraska vor (Nr. 75).

62 *Sp. luminosus* Mc Coy. Tab. III, Fig. 19.

1844 u. 1862. *Cyrtia luminosa* Mc Coy, Synopsis of the Carboniferous Fossils of Ireland, p. 137. Pl. XXI, F. 4.
1855. *Spirifera lum.* Mc Coy, British Palaeozoic Fossils. p. 126.
1857. Desgl. Davidson, a Mon. of Brit. Carbon. Brach., P. V, p. 36, Pl. VII, F. 17 –22.

Eine dem *Spirifer octoplicatus* Sow. und *Sp. triangularis* Sow. nahe verwandte Art, welche sich durch die halbkreisförmige Rundung des Stirnrandes der ersteren, durch ihre meist spitzen Flügel aber und grössere Anzahl der Rippen mehr der letzteren nähert. Auch bemerkt man in der Nähe des vorderen Endes inmitten des tiefen Sinus der grösseren Schale eine kleine Falte, wie sie für *Sp. triangularis* charakteristisch ist, welcher eine schwache Furche auf dem hohen mittleren Wulste der kleineren Schale entspricht. Es ist diese Falte schon in Mc Coy's Abbildung angedeutet worden und tritt, wenn auch schwächer, an seiner Abbildung F. 17 hervor. Dagegen fehlt sie bei de Koninck's *Spirifer undulatus* (Descr. des anim. foss. Pl. XV, F. 3), welcher nach Davidson mit dieser Art identisch ist. Zu jeder Seite des mittleren Sinus der einen oder Wulst der anderen Schale liegen je nach dem verschiedenen Alter 5—8, in älteren Exemplaren noch mehr, hohe scharfe ausstrahlende Rippen, welche durch tiefe, ihnen entsprechende Furchen getrennt werden. Beide sind mit engliegenden wellenförmigen Anwachsstreifen verziert.

Die den mittleren Sinus der grösseren Schale begrenzenden Rippen sind ungleich höher, als die nach der Seite hin folgenden, was in einem solchen Grade weder bei *Spir. octoplicatus* des Kohlenkalkes und dem ihm nahe stehenden *Spir. cristatus* des Zechsteins, noch bei *Spir. triangularis* der Fall ist.

Vorkommen: Im Kohlenkalke von England, Irland, sowie bei Tournay und Visé in Belgien.

Prof. Marcou übersandte mir einige Exemplare aus dem oberen Bergkalke von Crescent-City in Jowa, eine Anzahl von Plattesmouth (Nr. 76) und aus Schicht C. c^{II}. (Nr. 37) von Nebraska-City. Die grössten dieser Exemplare erreichen noch nicht 2 cm. Breite.

Orthis Dalman, 1827. (*Streptorhynchus* King, 1850.)

63.   *O. crenistria* Phill. sp. — Tab. III, Fig. 20, 21.

1836.   *Spirifera crenistria* Phillips, Geol. of Yorkshire, II, p. 216, Pl. IX, F. 6.
1855.   *Leptaena crenistria* Mc Coy, British Palaeozoic Rocks, p. 450 z. Theil.
1863.   *Orthis crenistria (?)* F. Römer, Zeitschr. d. deutsch. geol. Ges. XV, p. 592, Taf. XVI, F. 5.
1864—65.   *Streptorhynchus crenistria (?)* Beyrich, über eine Kohlenkalk-Fauna von Timor, p. 82, Taf. I, F. 9.
1866.   Desgl., Davidson, Kashmere Brachiopoda in Quart. Journ. Geol. Soc. London, p. 42, Pl. II, F. 10.

Der Umriss der Schalen ist rundlich-vierseitig, etwas breiter als lang und der Schlossrand erreicht nahezu die grösste Breite der Schale. Ihre Oberfläche ist mit ausstrahlenden, durch feine Anwachsstreifen meist gekörnelten Streifen bedeckt, von denen stärkere und dazwischen sich einsetzende schwächere sehr regelmässig mit einander abwechseln. Die Area der grösseren Schale ist gross und nach aussen meist unregelmässig begrenzt; ihr mittlerer dreieckiger Spalt ist fast ganz wieder verwachsen. Im Allgemeinen sind die Schalen nur schwach gewölbt, und es pflegt die grössere Schale von ihrem äusseren Rande an sich ganz allmählich bis an den mehr oder weniger erhobenen, dennoch aber wenig vorspringenden Wirbel zu erheben, während die kleinere Schale ihre grösste Dicke zwischen Wirbel und Mitte erreicht und nicht selten, wie bei *Orthis pelargonata* Schl., längs ihrer Mitte einen Sinus oder eine Depression zeigt.

Es ist *Orthis crenistria* der Steinkohlenformation in der That als der Vorläufer der *Orthis pelargonata* Schl. des Zechsteins zu betrachten und es finden sich auch unter den jüngeren amerikanischen Exemplaren Formen vor, die man von der letzteren kaum unterscheiden kann. Im älteren Zustande wird man, hauptsächlich durch den stets breiteren Schlossrand der *Orthis crenistria* und ihren weniger vorspringenden Wirbel der grösseren Schale, sie von *Orthis pelargonata*, deren Schale gleichzeitig auch stärker und häufig noch unregelmässiger gewölbt ist, als dort, unterscheiden können. — An mehreren der uns vorliegenden Exemplare von gleichem Fundorte erreicht der Schlossrand eine grössere Breite, als an dem hier abgebildeten, wodurch sich dieselben noch weit mehr den Abbildungen dieser Art von anderen Autoren nähern. Exemplare mit einer ähnlichen hohen Wölbung, wie sie Davidson (Mém. sur les Fossiles paléozoiques rec. dans l'Inde. Liége, 1863, p. 36, Pl. X, Fig. 16) als Var. *robusta* Hall (*Orthis robusta*, Report of the Geol. Surv. of the State of Jowa, 1858, p. 713, Pl. XXVIII, F. 5) beschreibt, sind uns hier nicht begegnet.

Vorkommen: *Orthis crenistria* ist in dem Kohlenkalke Europa's und Indiens nachgewiesen und findet sich mit unter den von F. Roemer aus der productiven Steinkohlenformation Schlesiens beschriebenen Fossilien.

Prof. Marcou hat einige Exemplare dieser Art in einem grauen Mergel des Kohlenkalkes von Bellevue, sowie bei Plattesmonth in Nebraska (Nr. 77), in den Etagen B. b. bei Bennett's Mill, SW. von Nebraska-City. (Nr. 15), B. b^{IV}., C. c^{II}. und C. c^{V}. (Nr. 23, 29, 34, 57) bei Nebraska-City angetroffen, wodurch ihre Verbreitung bis in die Dyas erwiesen ist. Namentlich hätte es bei der letzteren nur noch einer geringen Verkürzung des Schlossrandes bedurft, um unsere typische *Orthis pelargonata* (Gein., Dyas I, p. 92, Taf. XVI, F. 26—34) in ihnen wieder erkennen zu müssen.

64. *O. striato-costata* Cox sp. — Tab. III, Fig. 22—24.

1857. *Plicatula striato-costata* Cox, in Palaeontol. Rep. of Kentucky, Frankfort. Ky., p. 568, Pl. VIII, F. 7.
1863. *Streptorhynchus pectiniformis* Davidson & de Koninck, Mém. sur les Fossiles paléozoiques rec. dans l'Inde, Liége. p. 37. Pl. X. F. 17.

Eine zur Gruppe *Streptorhynchus* gehörende Art, deren richtige Stellung zuerst Davidson erkannt hat. Wiewohl aus der von Cox gegebenen älte on Abbildung ihre Gattungscharaktere keineswegs hervorleuchten, so stimmt doch die Beschaffenheit der Schalenoberfläche so genau mit Davidsons Abbildung und den uns vorliegenden Exemplaren überein, dass wir an der Identität von beiden nicht zweifeln können.

Beide Schalen sind stark gewölbt und jederseits mit kurzen Ohren versehen, wodurch sie, insbesondere die kleine Schale, ein Pecten-artiges Ansehen erhalten. Ihre Oberfläche ist von 12—14 hohen stumpfeckigen ausstrahlenden Falten bedeckt, welche in einiger Entfernung vom Wirbel beginnen und in der Nähe des Vorderrandes durch einige Anwachsringe wie gebrochen erscheinen. Falten und die sie trennenden Zwischenrinnen werden von ungleichen, gedrängt liegenden, zwirnartigen Streifen bedeckt, deren Zahl sich durch Einsetzen vermehrt. Der Schlossrand nimmt ungefähr die halbe Breite der Schalen ein; die grössere Schale besitzt eine hohe dreieckige, ziemlich verbogene Area, deren ursprünglich grosse Oeffnung wieder gänzlich verwachsen ist, so dass sich von dem Wirbel der kleineren bis zu der Wirbelspitze der grösseren Schale ein schmaler Wulst emporzieht.

Unter dem Wirbel der kleineren Schale bemerkt man einen kurzen starken Zahn, der von zwei kleinen muschelförmigen Vertiefungen eingefasst wird.

Vorkommen: *Plicatula striato-costata* Cox stammt aus einem Kalksteine der productiven Kohlenformation von Hopkins county in Kentucky, *Str. pectiniformis* Dav. ist nicht selten im Kohlenkalke von Moosakhail, Chederoo, Nulle und Kafir Kote in dem Pundschab in Indien.

Prof. Marcou hat drei Exemplare dieser Art in dem Bergkalke von Crescent-City in Jowa entdeckt.

Strophalosia King, 1844.

65. *St. horrescens* de Vern. sp.

1844—45. *Productus horr.* de Verneuil, Russia and Ural Mountains II, p. 280 Tab. 18, F. 1.
1847. Desgl. de Koninck, l. c. p. 153, Pl. 15, F. 2.
1855. *?Prod. Rogersii* Norwood & Pratten, Journ. of the Ac. of Nat. Sc. of Philadelphia, Vol. III, sec. ser. p. 9, Pl. 1, F. 3.
1858. *Productus (S'rophalosia?) Norwoodii* Swallow, the Rocks of Kansas by Swallow and Hawn (Trans. Ac. Sci., St. Louis, Vol. I, Nr. 2) p. 13.
1858. Desgl. Meek and Hayden, Geol. Explor. in Kansas Terr. (Proc. of the Ac. of Philadelphia, p. 25.)
1861. *Strophalosia horr.* Geinitz, Dyas I, p. 94, Taf. XVII, F. 30.

Dass *Productus Norwoodii* identisch ist mit *Strophalosia horrescens* de Vern. sp., beweisen zwei Exemplare aus der oberen Steinkohlenformation von Indian Creek in Kansas, welche Professor Dana mir freundlichst zugesandt hat. Auch Swallow erkennt die nahe Verwandtschaft beider Arten an und findet nur noch einen Unterschied in der kleineren Area des *Pr. Norwoodii*, die jedoch manche Exemplare der russischen *Str. horrescens* Vern. ebenfalls besitzen.

Diese *Strophalosia* gleicht in ihrem Aeusseren dem *Productus scabriculus* Mart. sp., unterscheidet sich von diesem jedoch durch das Vorhandensein einer deutlichen Area. Beide Arten verhalten sich zu einander, wie *Strophalosia Morrisiana* King zu *Productus Cancrini* Vern., oder wie *Strophalosia Leplayi* Gein. zu *Productus Leplayi* Vern., von welchen die entsprechenden Strophalosien in jüngeren Schichten auftreten, als die ihnen äusserlich gleichenden Producten.

Wo man die Area nicht wahrnehmen kann, wird die Bestimmung daher sehr erschwert. Wenn *Pr. Rogersii* eine Area besitzt, so muss man ihn mit *Str. horrescens* vereinen, indem er ganz der Abbildung des hierzu gehörenden *Pr. areatus* Kutorga (früher *Producta calva* Kut., 1842) gleicht. Dass sein Schlossrand etwas kürzer ist, ist unwesentlich.

Ohne Area würde *Pr. Rogersii* mit *Pr. scabriculus* vereint werden können, da ersterer besonders dem von de Koninck dazu gezogenen *Pr. quincuncialis* Phillips (Yorksh. II, Pl. VII, F. 6) ähnlich ist.

Vorkommen: *Str. horrescens* Vern. sp. kommt in den tieferen permischen Schichten Russlands mit *Productus Cancrini* Vern. zusammen vor.

Str. Norwoodii Swallow wurde in den unteren permischen Schichten im Thale von Cotton-wood, Kansas, entdeckt, wo sie mit *Thamniscus dubius, Productus Rogersi* und *Monotis Halli* zusammen vorkommen soll. Nach Meek & Hayden steigt sie auch tiefer herab in die obere Kohlenformation und wurde darin an vielen Orten zwischen Fort Riley in Kansas und dem Missouri beobachtet.

Die von Prof. Marcou gesammelten Exemplare gehören einem kalkigen Mergel von Bellevue und von Plattesmouth in Nebraska (Nr. 84), einem gelblich-grauen Kalkmergel von Bennett's Mill, NW von Nebraska-City (Nr. 9 und 17), sowie der Etage C. c^{II}. (Nr. 23) von Nebraska-City an. Die letztere ist auch hier mit *Productus Cancrini* de Vern. zusammen gefunden worden.

Junge Individuen, deren mehrere auf einer grösseren, an sehr verschiedenen Versteinerungen reichen Platte (Nr. 60 aus C. c^{V}.) von Nebraska-City vorhanden sind, nähern sich sehr den jungen Exemplaren der *Stropholosia excavata* Gein. (Dyas I, Taf. VII, F. 15—19).

Productus Sow., 1812.

66. *Pr. Cora* d'Orb.

1847. de Koninck, Monographie du genre Productus, p. 50, Pl. IV, Fig. 4; Pl. V, F. 2.

1848. *Pr. Cora* et *Pr. Delawarii* Marcou, Geology of North America, p. 45, Pl. V, F. 3; Pl. VI, F 4. 4a.

Vorkommen: Im Kohlenkalke und in höheren Schichten der Steinkohlenformation Deutschlands, Belgiens, Englands, Irlands, Spaniens, Russlands, in Nordamerika, in Bolivia etc.

Wir kennen ein Exemplar aus dem Kohlenkalke von Bellevue und 6 Exemplare von Plattesmouth in Nebraska (Nr. 77 und 86).

67. *Pr. semireticulatus* Mart. sp.

1847.　de Koninck, Mon. du genre Productus, p. 83, Pl. VIII, F. 1; Pl. IX, F, 1;
　　　　Pl. X, F. 1.

1858.　Marcou, Geol. of N. America, p. 46, Pl. V, F. 4; Pl. VI, F. 6.

1864.　Meek in Palaeontology of California, Vol. I, p. 11, Pl. 2, F. 4.

Vorkommen: Diese im Kohlenkalke von Europa, Asien und Nordamerika sehr verbreitete Art wurde in Nebraska in folgenden Schichten
erkannt:

7 Exempl. bei Plattesmouth (Nr. 82, 84, 85), ein Exempl. aus B. b[II].
(Nr. 2) von Morton und ein Exempl. aus C. c[III]. (Nr. 46) von Nebraska-City,
welche letztere dahin eingeschlemmt worden sein mögen.

68. *Pr. costatus* Sow.

1847.　de Koninck, Mon. du genre Productus, p. 92, Pl. VIII, F. 3; Pl. X, F. 3;
　　　　Pl. XVIII, F. 3.

1855.　*Pr. Portlockianus* Norwood & Pratten, Journ. of the Ac. of Nat. Sc. of
　　　　Philadelphia, V. III, sec. ser., p. 15, Pl. I, F. 9.

1858.　*Pr. costatus* Marcou, Geol. o N. Am., p. 46, Pl. V, F. 5.

Die von Norwood und Pratten hervorgehobenen Gründe, welche
die Selbstständigkeit des *Pr. Portlockianus* rechtfertigen sollen, erscheinen uns
nicht genügend.

Allenfalls könnte man bezüglich seiner Stellung nur zwischen *Pr. costatus* und *semireticulatus* in Zweifel sein.

Vorkommen: Sehr verbreitet im Kohlenkalke von Russland und
Nordamerika. Selten in England und Belgien. 35 Exemplare im Kohlenkalke von Bellevue (Nebraska), 30 Exemplare im Kohlenkalke von Plattesmouth (Nr. 82).

7 *

69. *Pr. Flemingi* Sow. — Tab. IV, Fig. 1—4.

1812.   *Pr. longispinus*, *Pr. Flemingii* et *Pr. spinosus* Sow., Min. Couch. Pl. 68,
        F. 1—4; Pl. 69, F. 3. 4.
1847.   *Pr. Flemingii* Sow. *(Pr. longispinus* Sow.*)*, de Koninck, l. c. p. 95, Pl. X.
        F. 2; F. 3. h.
1855.   *? Pr. aequicostatus* Shumard, the first and second annual Report of the
        Geological Survey of Missouri, II, p. 201, Pl. C, F. 10.
1855.   *Pr. Prattenianus* Norwood & Pratten, Journ. of the Ac. of Nat. Sc. o
        Philadelphia, Vol. III, sec. ser., p. 17, Pl. I, F. 10.
1858.   *Pr. Calhounianus* Shumard & Swallow, Trans. Acad. Sci., St. Louis,
        Vol. I, Nr. 2 (p. 20). — Swallow and Hawn eb. p. 11.
1858.   *Pr. costatus* var. J. Hall, Report of the Geological Survey of the State of
        Jowa, Vol. I, P. II, Palaeontology, p. 712, Pl. XXVII, F. 3.
1860.   *Pr. Flemingi* v. Grünewaldt, Mém. de l'Ac. imp. des sc. de St. Péters-
        bourg, 7e sér., T. II, Nr. 7, p. 123, Taf. III, F. 4.
1863.   *Pr. longispinus* Davidson & de Koninck, in Mémoire sur les Fossiles pa-
        léozoiques rec. dans l'Inde, p. 37, Pl. X, F. 19.
1863.   Desgl., F. Römer, in Zeitschr. der deutsch. geolog. Ges. XV, p. 589,
        Taf. XVI, F. 1.

Eine in vielen Abänderungen auftretende Art, wie dies am besten aus
den zahlreichen Synonymen hervorgeht, welche schon de Koninck u. A. bei
ihren Beschreibungen derselben aufgenommen haben. Sie besitzt eine mittlere
Grösse. Die Schale ist allermeist breiter als lang und der Schlossrand ist
im Allgemeinen ebenso lang als ihre grösste Breite. Die grössere, fast halb-
kugelig-gewölbte und daher sehr breitrückige Schale ist am Wirbel stark einwärts gekrümmt und besitzt einen in der Regel ganz flachen Sinus. Ihre
Oberfläche ist mit ausstrahlenden Linien oder schmalen gerundeten Rippen
dicht besetzt, die sich nach dem Stirnrande hin durch Einsetzung vermehren.
Dieselben erscheinen weit schwächer als bei *Pr. semireticulatus*, etwas stärker
dagegen als bei *Pr. Cora*. Concentrische Anwachsringe treten auf den breiten
fast rechtwinkeligen Ohren am deutlichsten hervor, die sogenannte Schleppe
ist ganz davon befreit und häufig sind sie auch selbst in der Nähe des Wirbels
nur ganz schwach angedeutet, was vielleicht allein den *Pr. Prattenianus* von
den belgischen Exemplaren unterscheidet. Hierdurch tritt eine grössere Aehnlichkeit mit *Pr. Villiersi* de Kon. hervor, mit welcher Norwood & Pratten
diese Art vergleichen. Ebenso verschieden ist die Anzahl der oft sehr langen

Stachelröhren, welche bei einigen sehr vereinzelt, bei anderen aber sehr zahl-reich gefunden werden.

Die kleinere Schale, welche sehr regelmässig und nur mässig ver-tieft ist, wodurch sich diese Art wesentlich von dem ihr nahe verwandten *Pr. carbonarius* unterscheidet, lässt ausser den gedrängt liegenden ausstrah-lenden Rippen zuweilen einige selbst blätterige Anwachsstreifen erkennen, war jedoch von Stachelröhren befreit.

Vorkommen: Diese im Kohlenkalke und in der productiven Kohlen-formation Europa's und Nordamerika's nicht seltene Art, welche man auch in Indien und Neu-Holland wieder gefunden hat, kommt in Nebraska, sowohl in dem Kohlenkalke von Bellevue und von Plattesmouth (Nr. 83 u. 84), als namentlich auch von besonderer Schönheit in der Dyas von Nebraska-City C. cᵛ. (Nr. 58, 59, 69, 61) vor.

Die Identificirung des *Productus Calhounianus* Swallow mit dieser Art beruhet auf Exemplaren aus den oberen Steinkohlenlagern von Diamond spring, Santa Fe, in Kansas, die ich Professor J. Dana verdanke. — Die von Shumard und J. Hall beschriebenen Arten, *Pr. aequicostatus* und *Pr. costatus*, var., sind ältere Individuen, an deren grösserer Schale statt des Sinus nur eine leichte Depression bemerkbar wird.

70. *Pr. Koninckianus?* de Vern. — Tab. IV, Fig. 5.

1846. Desgl. v. Keyserling, Wiss. Beobacht. auf einer Reise in das Petschora-Land, p. 203, Tab. IV, F. 4.

1847. *Pr. spinulosus* de Köninck, l. c. p. 103, Pl. XI, F. 2. — ?*Pr. Villiersi* d'Orb., de Koninck l. c., p. 109, Pl. 11, F. 1.

1857—62, *Pr. Koninckianus* Davidson, British Fossil Brachiopoda, Vol. II, p. 230, Pl. LIII, F. 7.

Eine Anzahl Exemplare von Nebraska-City aus Schicht A. aᴵᴵ. (Nr. 21) und von Bennett's Mill, aus Schicht B. b. (Nr. 9), nähern sich ebenso dieser Art wie dem *Productus Cancrini*.

Dieselben sind von mittlerer Grösse, etwas länger als breit und er-reichen ihre grösste Breite in der Nähe des vorderen oder Stirnrandes. Dies ist jedoch keineswegs so constant, als es nach Davidson's Abbildung und

Beschreibung erscheinen möchte, und schon in v. Keyserling's und de Koninck's Abbildung erreicht der Schlossrand eine gleiche Breite, an einem
unserer Exemplare von Nebraska-City übertrifft er dieselbe. Die gleichmässig
gewölbte grössere Schale, welche an den Seiten steil abfällt und sowohl hierdurch, wie durch ihren stark eingebogenen und den Schlossrand weit über-
ragenden Wirbel, sehr an die vorher beschriebene Art erinnert, jedoch ohne
alle Spur eines Sinus, ist mit ausstrahlenden geraden Linien dicht besetzt, an
welchen sich zahlreiche in quincuncialer Anordnung stehende Stachelhöcker
befestigen. Die Stärke dieser Linien oder Streifen ist geringer als bei *Pr.*
Flemingi, jedoch grösser als bei *Pr. Cancrini.* Ihre Stachelhöcker verhalten
sich ganz ähnlich denen der letzteren Art und des *Pr. Villiersi*, welcher vielleicht nur den Jugendzustand dieses *Productus* bezeichnet.

Die kleinere Schale ist sehr regelmässig vertieft, verflacht sich aber
jederseits hinter den Ohren. Sie ist dicht mit radialen Linien bedeckt, welche
keine Stachelhöcker tragen. Anwachsringe treten am stärksten an der hinteren
Seite der grösseren Schale besonders auf den Ohren hervor, sind aber mehr
oder weniger deutlich auf der ganzen Oberfläche beider Schalen zu verfolgen.

Vorkommen: Man hat diese Art schon in dem Kohlenkalke von
Belgien, England, Schottland, dem Petschora-Land und von Yarbi chambi auf
dem Plateau von Bolivia *(Pr. Villiersi)* nachgewiesen.

71. *Pr. Cancrini* de Vern. — Tab. IV, Fig. 6.

1861. Geinitz, Dyas, Heft I, p. 101, Taf. XVIII, F. 22—27.

Vorkommen: Die hier abgebildete grössere Schale wurde von Marcou
in Schicht C. c[II]. (Nr. 33) bei Nebraska-City entdeckt. Sie bezeichnet diesen
Horizont als unteren Zechstein.

72. *Pr. scabriculus?* Mart. sp.

1847. de Koninck, l. c. p. 111, Pl. 11, F. 6.

1866. Davidson, Kashmere Brachiopoda in Quart. Journ. of the Geol. Soc. of London, p. 43, Pl. II, F. 13.

Man hat diese seltene Art im Kohlenkalke Deutschlands, Belgiens,
Englands, Irlands, Russlands und Indiens wiederholt angetroffen. Mit Unsicher-

heit rechne ich hierzu einige im Kohlenkalke von Plattesmouth aufgefundene
Exemplare (Nr. 84). — Vgl. *Strophalosia horrescens* S. 49.

73. *Pr. pustulosus* Phill.

1842.   *Pr. punctatus* v. Buch, über Productus oder Leptaena, p. 34 z. Th., Taf. II,
        Fig. 10. 11.
1847.   *Pr. pustulosus* de Koninck, l. c. p. 118, Pl. XII, F. 4; Pl. XIII, F. 1;
        Pl. XVI, F. 8. 9.
1860.   Desgl., Marcou, Geol. of North America, p. 48, Pl. VI, F. 1.
1863.   F. Römer, Zeitschr. d. deutsch. geol. Ges. Bd. XV, p. 591, Taf. XVI, F. 3.

Bei der grossen Aehnlichkeit dieser Art, sowohl mit der vorigen als
mit der folgenden, ist es kaum möglich, manche derselben mit Sicherheit der
einen oder anderen zuzuweisen. Zweifellos ist unter den von Nebraska erhaltenen Fossilien ein Exemplar aus dem Kohlenkalke von Bellevue, wahrscheinlich gehört hierzu aber auch ein anderes von Plattesmouth (Nr. 86).

74. *Pr. punctatus* Mart. sp.

1847.   de Koninck, l. c. p. 123, Pl. XIII, F. 2 (excl. *Pr. punctatus* bei L. v. Buch,
        über Productus oder Leptaena, 1842, Taf. II, F. 10. 11.

Zahlreiche Exemplare dieser im Kohlenkalke Europa's, wie namentlich
auch Russlands und Nordamerika's sehr verbreiteten Art liegen uns vor aus
dem Kohlenkalke von Bellevue und Plattesmouth in Nebraska (Nr. 86), von
Vyoming, 7 Meilen N. von Nebraska-City aus Schicht B. b^{II}. (Nr. 5), zwei
aus Schicht B. b^{IV}. (Nr. 18) und ein Exemplar von Bennett's Mill, NW. von
Nebraska (Nr. 9).

75. *Pr. horridus* Sow. — Tab. IV, Fig. 7.

1847.   de Koninck, l. c. p. 159, Pl. 15, F. 1.
1861.   Geinitz, Dyas, p. 103, Taf. XIX, F. 11—17; Taf. XX, F. 1; Taf. XXI,
        Fig. 1. 2.

Unter den zahlreichen Exemplaren der Gattung *Productus*, die ich
durch Herrn Marcou's Güte von Nebraska zu untersuchen Gelegenheit fand,
ist nur eine einzige junge Oberschale des *Productus horridus*.

Sie stammt aus Schicht B. b. (Nr. 17) von Bennett's Mill, 3 Meilen NW. von Nebraska-City.

76. *Pr. Orbignyanus* de K o n. — Tab. IV, Fig. 8—11.

1847.   de K o n i n c k, l. c. p. 152, Pl. 18, F. 5.

1855.   *Pr. splendens* u. *Pr. Wabashensis* N o r w o o d & P r a t t e n, Journ. of the Ac.
of Nat. Sc. of Philadelphia, V. III, sec. ser. p. 11—13, Pl. I, F. 5. 6.

1859.   *Prod. splendens* N o r w o o d & P r a t t e n, Meek & Hayden, Geol. Expl. in
Kansas, Proc. of the Ac. of Nat. Sc. of Philadelphia, p. 25.

Zahlreiche Exemplare dieser Art liegen uns vor, welche kaum mehr als 17 mm. Breite und 14 mm. Länge erreichen. Ihre grössere Schale, längs deren Mitte, von der Nähe des Wirbels aus, ein schmaler, meist tiefer Sinus läuft, ist bauchig gewölbt und fällt an beiden Seiten steil ab. Wiewohl der Schlossrand etwas breiter als die Schale wird, so sind die beiden ihn begrenzenden Ohren doch verhältnissmässig klein. Die letzteren bilden eine Falte, welche eine tiefe Ausbuchtung von dem Schlossrande trennt. Der stark niedergekrümmte Wirbel ragt über den Schlossrand hervor.

Die Structur der Oberfläche ist sehr mannichfaltig und erinnert bald durch ihre fast glatte, glänzende Beschaffenheit an die des *Pr. horridus*, bald durch ihre radiale Streifung an die des *Pr. Lep'ayi*. Wie schon de K o n i n c k gezeigt hat, findet sich zuweilen nur eine sehr undeutliche Längsstreifung in der Nähe des Wirbels vor; an anderen Exemplaren ist gerade diese Gegend glatt oder undeutlich concentrisch gestreift, dagegen treten mehr oder weniger deutliche Längsstreifen an anderen Theilen der Schale hervor, und bei manchen Exemplaren wird die Streifung so deutlich und durchgehend, dass man meint, einen *Prod. Leplayi* vor sich zu haben. Dem letzteren entspricht auch nicht selten die Vertheilung der Stachelröhren am Schlossrande und auf den Ohren, während ähnliche zum Theil mehrere Millimeter lange Stachelröhren oder kleinere Höcker auch auf der ganzen Schale unregelmässig zerstreut sind.

Eine Area, wodurch sie sich den *Strophalosien* nähern könnte, ist nicht vorhanden. Diese Art ist demnach jedenfalls von *Strophalosia Leplayi* G e i n. des Zechsteingebirges verschieden. Ob *Productus Leplayi* V e r n. eine Area besitzt, ist uns noch unbekannt: jedenfalls unterscheidet sich *Pr. Orbignyanus* von dem letzteren sowohl durch geringere Breite als auch die Unbeständigkeit seiner Längsstreifung. Von *Pr. horridus* ist diese Art durch ihren breiteren Wirbel und die kleinen eigenthümlichen Ohren leicht zu unterscheiden.

Die kleinere Schale, von der uns Fig. 11 einen Abdruck zeigt, ist stark vertieft, besitzt einen deutlichen mittleren Wulst und ist in einer ähnlichen Weise mit ausstrahlenden Streifen und mit Stachelhöckern bedeckt, wie die grössere Schale.

Vorkommen: *Prod. Orbignyanus* war bis jetzt nur aus dem Kohlenkalke von Yarbichambi in den bolivischen Anden bekannt, *Pr. splendens*, die glattere Varietät, und *Pr. Wabashensis*, die deutlicher gerippte Abänderung, gehören der mittleren Steinkohlenformation von Illinois, Missouri und Indiana an. *Pr. splendens* liegt mir durch Prof. Dana's Gefälligkeit auch aus der oberen Steinkohlenformation von Manhattan und Juniata, Big Blue River in Kansas vor und wird nach Meek & Hayden mit *Spirifer plano-convexus*, *Athyris subtilita*, *Rhynchonella Uta* u. s. w. zusammen in grosser Menge zwischen Fort Riley und Manhattan in Kansas gefunden.

Prof. Marcou's Exemplare, von welchen einige hier abgebildet sind, stammen theilweise aus dem Kohlenkalke von Bellevue in Nebraska, und aus dem Kohlenkalke von Plattesmouth (Nr. 84), theilweise aus dem grauen Mergel des unteren Zechsteins C. c^{II}. (Nr. 32) bei Nebraska-City.

Chonetes Fischer, 1837, de Koninck.

Aus dem Zechsteine war bisher nur eine *Chonetes*-Art bekannt, welche J. Kirkby im unteren Zechsteinkalke von Hartley quarry bei Sunderland in Durham entdeckt und Davidson (British Fossil Brachiopoda, Vol. II, London, 1857—1862, Pl. LV, F. 16) abgebildet hat. — Die von Herrn v. Schauroth als *Chonetes Davidsoni* bestimmte Form haben wir auf *Strophalosia Morrisiana* King zurückführen müssen (Dyas 1, p. 98).

77. *Ch. mucronata* Meck & Hayden. — Tab. IV, Fig. 12—14.

1858. Proc. of the Acad. of Nat. Sc. of Philadelphia, Dec. p. 262.

Für diese Art wird folgende Beschreibung gegeben:

Der Umfang der Schale ist fast halbkreisförmig, indem sie ihre grösste Breite am Schlossrande besitzt, an dessen Enden sie in eine spitze Ecke (*mucrona*) verläuft.

Ihre ganze Oberfläche ist mit regelmässigen, gedrängt liegenden, feinen Streifen bedeckt, von denen 4—5 auf den Raum eines Millimeters zu liegen kommen und die sich durch Einsetzung vermehren. Einige, zuweilen blätterige Anwachsstreifen unterbrechen dieselben. Die grössere Schale ist flach gewölbt, niedergedrückt, und mit einem an der Spitze des Wirbels beginnenden, meist flachen und undeutlich begrenzten mittleren Sinus versehen, welcher grossen Veränderungen unterliegt. An vielen Exemplaren erweitert sich derselbe bis an den Stirnrand hin, an anderen wird er zuletzt ganz undeutlich und selbst durch einen ganz flachen Wulst unregelmässig getheilt, wenn auch keineswegs so bestimmt, wie bei *Chonetes mesoloba* Norwood & Pratten (Journ. of the Ac. of Nat. Sc. of Philadelphia, 1855, V. III, sec. ser. p. 27, Pl. II, F. 7). Die grossen Ohren sind von dem mittleren Theile der Schale meist durch eine flache Depression geschieden. Der Schlossrand ist jederseits mit etwa acht Stachelröhren besetzt, welche sich schief nach auswärts richten.

Die ziemlich grosse Area besitzt eine grosse dreieckige Oeffnung, welche von starken Leisten begrenzt wird. Die mittlere Leiste im Innern der Schale nimmt ungefähr ein Drittheil ihrer Länge ein, an sie befestigen sich jederseits zwei divergirende etwas einwärts gekrümmte kürzere Leisten. Die innere Schalenfläche erscheint durch die Kiemenspitzen des Mantels granulös und zwar sind die an dem Rande der Schale befindlichen Körner kleiner, als die in den mittleren Theilen sich erhebenden. Je dünner die Schale ist, um so deutlicher ordnen sich diese Körner zu ausstrahlenden Linien an. Am äussersten Rande tritt nur noch die Streifung der Schale hervor.

Die kleinere Schale ist nur schwach vertieft und besitzt flache Ohren. Ihre geradlinige Area ist nur wenig niedriger als die der grösseren Schale und hat einen nur wenig vorspringenden zweitheiligen Schlosszahn, welcher die Oeffnung der anderen Schale fast schliesst. An seiner Basis entspringen fünf ausstrahlende Leisten, welche nebst der granulösen Innenseite der Schale Fig. 14 dargestellt sind.

Vorkommen: *Chonetes mucronata* ist in der oberen Steinkohlenformation bei Fort Riley in Kansas zuerst aufgefunden worden, wo sie nach Meck & Hayden nahezu 200 Fuss unter den tiefsten deutlichen permischen Schichten auftritt.

Professor Marcou hat diese Art in grosser Anzahl bei Plattesmouth in Nebraska (Nr. 72) aufgefunden, wo sie einen ähnlichen Horizont einnehmen dürfte, sowie bei Nebraska-City in grauen Mergelschichten A. a^{II}. (Nr. 22), B. b^{I}. (Nr. 25), C. c^{II}. (Nr. 36) und C. c^{VI}. (Nr. 64), in welchem letzteren, jedenfalls zur Dyas gehörenden Horizonte, sie nur noch selten erscheint. Ebenso liegen acht Exemplare dieser Art von Bennett's Mill, NW. von Nebraska, aus Schicht B. b. (Nr. 17) vor.

78. *Ch. Flemingi* Norwood & Pratten.

Journal of the Academy of Nat. Sc. of Philadelphia, Vol. III, sec. ser. 1855, p. 26, Pl. II, F. 5.

Bei einer ganz ähnlichen Form von der vorigen erreicht diese Art ohngefähr ½ bis ⅔ ihrer Grösse und unterscheidet sich von ihr durch einen tieferen, schärfer begrenzten Sinus der grösseren Schale, durch eine geringere Zahl (jederseits gegen vier) von Stachelreihen am Schlossrande, durch ihre kaum bemerkbaren Anwachsringe, hauptsächlich aber durch ihre Streifen.

Diese sind theilweise, namentlich an ihrem Ursprunge, wo sie zwischen zwei älteren Streifen sich einsetzen, fein granulirt, was der hierauf bezüglichen Abbildung der Herren Norwood & Pratten recht wohl entspricht. Sie ähnelt in dieser Beziehung sehr der *Chonetes tuberculata* Mc Coy, de Koninck, l. c. Pl. XIX, F. 4, unterscheidet sich jedoch von dieser Art, wie von *Ch. variolata*, durch ihren deutlichen Sinus.

Die kleinere Schale, welche einen schmalen mittleren Längswulst besitzt, ist ähnlich beschaffen, wie die der *Chonetes mucronata*, nur ordnen sich die von den Kiemenspitzen des Mantels herrührenden Körner noch deutlicher zu ausstrahlenden Linien an.

Vorkommen: *Chonetes Flemingi* ist aus einer Schicht von noch un-
bestimmtem Alter, 10 Meilen NW. von Richmond in Missouri entdeckt worden;
die mir von Prof. Marcou übergebenen Exemplare kommen mit *Chonetes
mucronata, Orthis crenistria und Productus Flemingi* zusammen in grauen,
mergeligen Kalkplatten von Bellevue in Nebraska vor, welche dem Kohlenkalke
angehören.

79. *Ch. glabra* Gein. — Tab. IV, Fig. 15—18.

Die Schale ist breiter als lang, fast vierseitig-halbkreisförmig, in Folge
eines breiten mittleren Sinus der grösseren Schale, der sich bis an den Stirnrand gleichartig erweitert, hier etwas eingebogen und mit gerundeten Seiten
in die spitzen Ohren verlaufend, der Schlossrand bezeichnet ihre grösste Breite.
An dem Schlossrande der grösseren Schale stehen auf jeder Seite des kleinen
niedergedrückten Wirbels 5 Stacheiröhren, die sich unter spitzem Winkel nach
auswärts wenden. Die Oberfläche der Schale ist zwar etwas rauh, jedoch
glatt und zeigt nur mehrere concentrische Anwachsringe. Ihre Area enthält
in der Mitte eine deltaförmige Oeffnung, welche von zwei starken Zähnen begrenzt wird. Die Mittelleiste dieser Schale ist schwach und kurz. Die kleinen
ziemlich regelmässigen Höcker oder Kiemenspitzen auf der Innenseite der
Schale ordnen sich zu ausstrahlenden Linien an.

Die kleinere Schale folgt den Biegungen der grösseren, was insbesondere
auch an den sanft gebogenen Ohren hervortritt. Ein zweispaltiger Zahn in
der Mitte ihrer verhältnissmässig grossen Area entspricht der dreieckigen Oeffnung der grösseren Schale. An seiner Basis nimmt man im Innern der Schale
zwei unter einem sehr stumpfen Winkel divergirende wulstförmige Leisten und
zwei schwächere wahr, die einen spitzen Winkel zu der schwachen mittleren
Leiste bilden, welche letztere die halbe Länge der Schale einnimmt.

Vorkommen: Eine Anzahl dieser Schalen sind mit *Chonetes mucronata*
zusammen in dem grauen Mergel der Etage C. c^{II}. (Nr. 36) bei Nebraska-
City gefunden worden, besonders häufig sind sie in den bunten röthlich-grauen
schieferigen Mergelthonen der Etage C. c^{IV}. (Nr. 48) von Nebraska-City, welche
zur Dyas gehören.

, Comp. C. Permiana Shum

4. Classe *Radiata*. Strahlthiere.

1. Ordn. Echinoidea. Seeigel.

Eocidaris Desor, 1859. (*Cidarites* Autorum.)

80. *E. Hallianus* Gein. — Tab. V, Fig. 1. 2.

Die kleinen bis 3 mm. grossen Tafeln stimmen durch ihren einfachen Ring, welcher die durchbohrte Warze umgiebt, mit *Eocidaris* überein, zeigen jedoch Verschiedenheiten von *E. Keyserlingi* Gein. oder *E. Verneuiliana* King. Um den stark erhobenen Ring ist der mittlere Theil des Täfelchens warzenförmig erhöhet, ohne dass ein zweiter Ring diesen Theil umschliesst. Statt dessen folgt ein unregelmässiger Kranz von entfernt stehenden grösseren, gleichfalls durchbohrten Wärzchen, welcher zum Theil von kleineren undeutlichen Körnern umgeben wird.

Die walzenförmigen Stacheln besitzen in der Nähe ihrer sich verengenden Basis einen hervortretenden Ring und sind hier am deutlichsten gestreift oder fein gerippt. Der walzenförmige Theil, welcher sich nach vorn hin in eine stumpfe Spitze ausdehnt, ist mit sehr feinen Längslinien dicht bedeckt, welche sehr engliegende kurze, jedoch längliche Höcker tragen. Sie nähern sich hierdurch am meisten dem *Cidaris Muensterianus* de Kon. sp. (Descr. des Anim. foss., p. 35, Pl. E, F. 2), welchen Desor mit *Cidaris elegans* Mc Coy (Carbon. Limestone Foss. of Ireland, p. 173, Pl. 27, F. 2) unter *Eocidaris Muensterianus* vereinigt.

Vorkommen: In den an Versteinerungen reichen Kalkplatten der Etage C. c^V. (Nr. 60)· von Nebraska-City.

81. *E. Rossicus?* v. Buch sp.

1858. *E. Rossica* Desor, Synopsis des Échinides fossiles, p. 156, Tab. XXI, F. 3—5.

Mit dieser Art scheinen eine Tafel und ein Stachel übereinzustimmen, die mir aus dem Kohlenkalke von Bellevue in Nebraska vorliegen.

2. Ordn. Crinoidea. Haarsterne.

Cyathocrinus Miller, 1821.

82. *C. ramosus* Schl. sp. — Tab. IV, Fig. 19.

Gein., Dyas, p. 110, Taf. XX, F. 10—14.

Seit Veröffentlichung der Dyas, 1861, war ich so glücklich, von dieser Art einen fast vollständigen Kelch mit noch ansitzenden Armen aus dem unteren Zechsteine von Ilmenau zu erhalten, der im K. mineralogischen Museum zu Dresden niedergelegt worden ist. Sein Bau entspricht ganz der von King gegebenen Diagnose. Er besteht aus fünf gleichartigen Basalgliedern oder Beckenstücken, denen ein geschlossener Kreis von fünf Gliedern, den Parabasen, folgt, die mit den Basalgliedern abwechseln. Vier derselben sind fünfseitig, das eine ist sechsseitig. Mit diesen alternirend folgen fünf breite Radialstücken, die im Vereine mit einer (nach King zwei nebeneinander liegenden[1]) Zwischenplatte, über der sechsseitigen Parabase einen dritten Kreis schliessen. An diese ersten Radialstücke schliessen mindestens drei andere an, die keine geschlossenen Kreise mehr bilden, sondern sich von dem Kelche radial entfernen und die Arme getragen haben.

Swallow und Hawn führen das Vorkommen dieser Art mit Zweifel aus den permischen Schichten von Council Grove in Kansas an (Trans. Ac. Sci., St. Louis, Vol. I, Nr. 2, p. 10); Säulenglieder, welche denen des *Cyathocrinus ramosus* aus dem deutschen und englischen Zechsteine höchst ähnlich sind, werden in verschiedenen Niveau's auch bei Nebraska-City gefunden, mögen jedoch, wie jene aus Kansas, zu einer anderen Art, oder wohl auch Gattung, gehören.

83. *C. inflexus* Gein. — Tab. IV, Fig. 20. 21. 22.

Dasselbe Gesetz in Bezug auf Zahl und Anordnung der Tafeln des Kelches, wie bei *C. ramosus*, ist auch hier durchgeführt. Daher möchten wir

---

[1] An unserem Kelche ist die in Prof. King's Abbildung (Mon. Perm. Foss. Pl. VI, F. 18 g) unterschiedene kleinere Zwischenplatte nicht wahrzunehmen.

diese Art, sowie auch die ihr am nächsten verwandten von Shumard und Swallow (Trans. Ac. Sci., St. Louis, Vol. I, Nr. 2) aus der Steinkohlenformation in Missouri beschriebenen *Poteriocrinus hemisphaericus* Shum. und *P. rugosus* Shum. lieber zu *Cyathocrinus* als zu der ihr so nahe verwandten Gattung *Poteriocrinus* stellen. Auch stimmen die schönen in der Palaeontology of Jowa, 1858, von J. Hall gegebenen Darstellungen von *Cyathocrinus* mit dieser Anschauung ganz überein.

Der schlüsselförmige, an seiner Basis tief eingedrückte Kelch besteht aus fünf Basalstücken, welche nach einwärts gebogen sind und im Innern desselben einen emporstehenden Kegel bilden, der aus fünf deltoidischen, längeren als breiteren, gleichgrossen Stücken besteht und an seinem Gipfel einen fünfstrahligen Canal enthält, dessen kurze Strahlen auf die Mittellinie der Basalstücke fallen. Aeusserlich werden diese Stücken durch die daran haltenden Säulenglieder ganz verdeckt.

Mit diesen alterniren fünf lange, unter sich gleich breite Parabasen, welche viel länger als breit und mit ihrer unteren Hälfte gleichfalls nach innen umgebogen sind. Vier derselben sind fünfseitig, das fünfte ist sechsseitig, um ein Interradialglied zu tragen. Sie bilden den zweiten geschlossenen Ring. Mit diesem wechseln fünf dicke Radialglieder ab, welche mit jenem dazwischen liegenden und über sie um die Hälfte seiner Länge hervorragenden Interradialgliede den dritten Ring schliessen.

Diese untersten Glieder der Kelchradien sind an ihrer oberen Seite genau doppelt so breit als ihre grösste Höhe beträgt, wodurch sich diese Art von jenen zwei als *Poteriocrinus* beschriebenen amerikanischen Arten unterscheidet.

Sie wurden bei *P. hemisphaericus* eben so lang als hoch, bei *P. rugosus* aber, der sich ausserdem durch seine runzelige Oberfläche unterscheidet, anscheinend niedriger gefunden.

Die breite obere Gelenkfläche dieser dicken Tafeln zeigt wie bei diesen in der Nähe des äusseren Randes eine starke, nach ihrer Mitte hin sich gleichmässig verdickende und fein gekerbte diagonale Falte, die mit dem scharfen Aussenrande der Tafel eine schmale Furche umschliesst.

Andere Stücken der Kelchradien kennt man noch nicht. Die äussere Oberfläche sämmtlicher Tafeln ist glatt.

Das noch in dem Kelche angeheftete Säulenstück ist walzenförmig und besteht aus niedrigen, gleich hohen, an ihrem Rande deutlich gekerbten Stücken, deren Gelenkfläche in der Nähe des Randes mit kurzen Rippen bedeckt ist und in der Mitte einen rundlich-fünfeckigen, mässig grossen Canal wahrnehmen lässt.

Vorkommen: In einem grauen plastischen Thone der Etage C. c^{IV}. (Nr. 49); Säulenglieder mit rundem Canale, welche gleichfalls dazu gehören, lagen in den bunten Mergelthonen C. c^{IV}. (Nr. 48) und in anderen Schichten der Etage C und B bei Nebraska-City.

Wahrscheinlich gehören die Taf. IV, Fig. 21. 22 abgebildeten Säulenstücken trotz ihrer vielgestaltigen Form zu dieser Art. Einige derselben besitzen Ansätze für Ranken oder Hilfsarme, ähnlich wie *Cyathocrinus ramosus* Schl. und würden, ohne die Kenntniss des verschiedenen Kelches, mit dieser Art verglichen werden können. Gleiche und ungleiche Höhe der Säulenstücken kann nicht einmal zur Aufstellung einer verschiedenen Art berechtigen. Selbst das Taf. IV, Fig. 23 abgebildete Säulenstück, welches sich durch seine hohen, in der Mitte scharfkantigen Glieder und einen rundlich-fünfseitigen Canal von den vorigen unterscheidet, kann noch dazu gehören, da auch bei *C. ramosus* ähnliche auftreten.

Dagegen unterscheidet sich das Taf. IV, Fig. 24 abgebildete Säulenstück durch die regelmässige Vertheilung der in senkrechten Linien sich anordnenden Ansatzpunkte für neue Ranken, durch einen engeren Canal und durch feinere und dichtere Streifung seiner Gelenkfläche, die bis zur Mitte reicht.

Sie stammen sämmtlich aus C. c^{II}. (Nr. 41) von Nebraska-City.

Actinocrinus Miller, 1821.

Wir müssen uns begnügen, die Existenz von wenigstens einer Art *Actinocrinus* in den Schichten von Nebraska hier nachzuweisen.

Der Taf. IV, Fig. 29 abgebildete Stachel entspricht den kalkigen Stacheln, welche bei einigen Arten dieser Gattung, wie *A. cornigerus* Hall und *A. Gouldi* Hall (Pal. of Jowa, 1858, p. 576, Pl. 9, F. 12, und p. 613, Pl. 15, F. 6) sich auf dem Scheitel des Kelches an die Arme befestiget haben.

Die hier vorkommenden Stacheln sind an ihrer Basis sehr verdickt, articuliren mit einer breiten Gelenkfläche und unterscheiden sich von den durch Hall beschriebenen durch ihre viel· schneller eintretende Verdünnung. Sie kommen bei Bennett's Mill, 3 Meil. NW. von Nebraska-City in B. b. (Nr. 11) mit glatten Kelchtafeln und Säulenstücken verschiedener Form, Tab. IV, Fig. 27. 28. zusammen vor und finden sich in ähnlicher Weise und mit ähnlichen Resten zusammen bei Plattesmouth (Nr. 87 und 88).

Wahrscheinlich gehören zu dieser Art die Taf. IV, Fig. 25 und 26 abgebildeten Säulenstücken, welche mit jenen Stacheln in ziemlicher Anzahl beisammen liegen. Sie sind walzenförmig, bestehen aus gleich hohen oder ungleichen Gliedern, welche theilweise Ansätze für Ranken besitzen, und mit einer dichotom-gestreiften Gelenkfläche versehen sind. Ihr runder Canal ist ziemlich eng.

Vorkommen: Säulenstücken dieser Art sind sowohl in den Schichten von Plattesmouth als in den Schichten der Etage B. bei Nebraska-City weit häufiger, als die unter *Cyathocrinus* beschriebenen Formen.

5. Classe *Polypi*. Korallen.

1. Ordn. Anthozoa.

Cyathaxonia Mich.

85. *C. (?)* sp. — Tab. V, Fig. 3.

Aus den in Frage kommenden Schichten von Nebraska liegen nur zwei Arten, die sich vielleicht an diese Gattung anschliessen, in drei unvollständigen Exemplaren vor. Das eine derselben hat ziemliche Aehnlichkeit sowohl mit *Cyathaxonia tortuosa* Michelin (Iconographie zoophytologique, 1840—1847, p. 258, Pl. 59, F. 8) von Tournay in Belgien, als auch mit *Amplexus cornu bovis* M. E. & H. (Ludwig in Palaeontographica, XIV, p. 146, Taf. XXXII, Fig. 3).

Es wurde bei Plattesmouth aufgefunden.

86. *C. (?)* sp. — Tab. V, Fig. 4.

Das hier abgebildete Exemplar, das mit einem noch unvollkommeneren Bruchstücke zusammen aus C. c^{II}. (Nr. 42) bei Nebraska-City gefunden worden ist, erinnert an *Cyathaxonia cornu* Mich. (a. a. O. p. 258, Pl. 59, F. 9) von demselben Fundorte, ohne jedoch die für diese Art charakteristische Biegung zu besitzen.

Stenopora Lonsdale, 1844.

87. *St. columnaris* Schlotheim sp., 1813. — Dyas p. 113, Taf. XXI.

1858. *Stenopora crassa* et *St. spinigera* Swallow & Hawn, Trans. Ac. Sci., St. Louis, Vol. I, Nr. 2, p. 8. 9.

Wir haben dieser vielgestaltigen und mit einer grossen Anzahl von Namen belegten Art einen langen Abschnitt in unserer Dyas gewidmet und denselben durch zahlreiche Abbildungen erläutert. Daher begnügen wir uns, ihr Vorkommen in Nebraska hier zu bestätigen, wie dies schon früher durch Swallow und Hawn für Kansas geschehen ist. Sie ist jedenfalls eine der Arten, die schon in der Steinkohlenzeit ausgeprägt wurde und sich bis in die mittle Etage der Zechsteinformation oder der oberen Dyas erhalten hat.

Unter anderen scheinen *Calamopora inflata* de Koninck (Descr. d. An. foss. Pl. A, F. 8), *Favosites scabra* de Kon. und *Alveolites irregularis* de Kon. (l. c. Pl. B, F. 1. 2.), welche d'Orbigny zu *Ceriopora* stellt, mehrere der von Eichwald (Lethaea Rossica Taf. XXIV) unterschiedenen *Vincularien*, sowie eine ziemliche Anzahl der unter anderen Gattungen beschriebenen Formen mit *Stenopora columnaris* vereiniget werden zu können.

Es liegen uns Exemplare ihrer verschiedenen Varietäten vor von Plattesmouth (Nr. 72 und 90), von Bennett's Mill, 3 Meilen NW. von Nebraska-City, und aus den Schichten B. b. (Nr. 10 und Nr. 23), B. b^I. (Nr. 27), B. b^{VI}. (Nr. 31), C. c^{II}. (Nr. 44) und C. c^{IV}. (Nr. 48) von Nebraska-City. Wahrscheinlich auch als *Var. incrustans* auf *Productus punctatus* bei Vyoming, 7 Meilen N. von Nebraska-City aus B. b^{II}. (Nr. 5).

Das letztere Exemplar, sowie einige ihr entsprechende knollige Abänderungen aus dem Kohlenkalke von Bellevue in Nebraska, zeigen auf ihrer Oberfläche fast kreisrunde Zellenmündungen von ziemlich gleicher Grösse, deren glatter Rand gleichmässig oder etwas schief aufgerichtet ist, wie bei *Diastopora labiata* v. Keys. (in Schrenk's Reise II, p. 102, Taf. II, F. 13—15) und nicht unähnlich der *Berenicea megastoma* Mc Coy (Carb. Limestone Foss. of Ireland p. 195, Pl. XXVI, F. 13), während sich an anderen Stellen derselben Exemplare die bekanntere Textur der Stenoporen ebenfalls geltend macht.

2. Ordn. Bryozoa.

Fenestella Lonsdale, 1839. (*Fenestrella* Autorum.)

88. *F. elegantissima* Eichw. — Tab. V, Fig. 7.

1860. Eichwald, *Lethaea Rossica* I, p. 364, Pl. XXII, F. 4.

Diese Art zeichnet sich durch ihre dünnen, regelmässigen Zweige aus, welche kleine rundlich-vierseitige Maschen einschliessen, von denen 9—10 auf 5 mm. Länge liegen.

Sie unterscheidet sich von *E. flabellata* Phillips (Geol. of Yorkshire, II, p. 198, Pl. I, F. 7—10) durch ihre kürzeren Maschen.

Vorkommen: Nach Eichwald im Fusulinenkalke von Sarauinsk am Ural. In Nebraska im Kohlenkalke von Bellevue und in dem bunten Mergelthone C. c^{IV}. (Nr. 48) von Nebraska-City. — Vielleicht stimmen damit auch die von Swallow und Hawn (Trans. Ac. Sci., St. Louis, Vol. I, Nr. 2) aus den unteren permischen Schichten von Council Grove in Kansas als *Fen. flabellata* augeführten Reste überein.

89. *F. plebeja* Mc Coy. — Tab. V, Fig. 8.

1862. Syn. of the Carboniferous Limestone Fossils of Ireland, p. 203, Pl. XXIX, F. 3.

1862. J. W. Kirkby, Ann. a. Mag. of Natural History, Sept. p. 3 (excl. *F. reti-formis* Schl.), Pl. IV, F. 14. 15. 18.

Die Maschen sind grösser als bei *F. retiformis* Schl., bei welcher meist 7—8 Maschen auf 5 mm. Länge zu liegen kommen, und es fallen hier ihrer nur gegen 4 auf 5 mm. Länge, was gegen eine Vereinigung mit *F. reti-formis* spricht.

Vorkommen: Im Kohlenkalke von Irland und im Kohlenkalke von Bellevue, sowie auch bei Plattesmouth (Nr. 90).

90. *F. virgosa* Eichw. — Tab. V, Fig. 9.

1860. Eichwald, *Leth. Rossica* I, p. 358, Pl. XXIII, F. 9.

Die Ruthen sind stärker und die Querstäbchen relativ schwächer als bei *F. plebeja,* und es fallen nur 3 länglich-vierseitige Maschen auf 5 mm. Länge zwischen die sehr spitzwinkelig gabelnden Zweige.

Vorkommen: Im Fusulinenkalke bei Saraninsk am Ural und im Kohlenkalke von Bellevue in Nebraska.

Polypora Mc Coy, 1844.

91. *P. biarmica* v. Keys. — Tab. V, Fig. 13.

1846. v. Keyserling, Reise in das Petschoraland. p. 191, Tab. 3, F. 10.

1861. Geinitz, Dyas, p. 117.

Vorkommen: Diese in der permischen Formation von Russland zuerst aufgefundene Art tritt uns in einem ausgezeichneten Exemplare aus einem gelblich-grauen Kalksteine C. c^{II}. (Nr. 45) von Nebraska-City entgegen. Nahe an vier ihrer länglich-ovalen Maschen kommen der Länge nach auf 5 mm. Länge zu liegen. Ein jedes Stäbchen trägt 3—4 Zellenreihen neben einander, die eine fast spirale Anordnung zeigen. — Ein anderes Exemplar dieser Art ist von Marcou bei Morton, 4 Meilen W. von Nebraska-City (B. b^{VI}. Nr. 1) gefunden worden.

92. *P. papillata* Mc Coy. — Tab. V, Fig. 10.

1862. Mc Coy, Carbon. Limestone Foss. of Ireland, p. 226, Pl. XXIX, F. 10.

Die verhältnissmässig schwachen Zweige sind rund und etwas wellenförmig gebogen, wodurch die zwischen ihnen liegenden Maschen fast kreisrundoval erscheinen. Die sie nach unten und oben begrenzenden Stäbchen sind wenig schwächer. Die porentragende Seite des Polypenstammes enthält nach Mc Coy drei Reihen von Poren; die entgegengesetzte glatte Fläche dieser Art trägt hier und da an dem Anfange der Maschen eine kleine warzenförmige Pore. An dem uns vorliegenden Exemplare von Plattesmouth (Nr. 90) ist nur an wenigen Stellen der glatten Seite eine solche warzenförmige Pore deutlich vorhanden, die jedoch gleichzeitig einen Theil der Masche mit ausfüllt, wesshalb man sie leicht für etwas Zufälliges betrachten kann. Man zählt, wie an Mc Coy's Abbildungen, vier Maschen auf 5 mm. Länge.

Vorkommen: Nach Mc Coy im Kohlenkalke von Irland.

93. *F. marginata* Mc Coy sp. — Tab. V, Fig. 11. 12.

1843. *Fenestella polyporata* Portlock, Rep. on the Geol. of Londonderry etc., p. 323, Pl. XXII, A. F. 1 (nicht Phillips).

1862. *Polypora marginata* Mc Coy, Carb. Limestone Foss. of Ireland, p. 206, Pl. XXIX, F. 5.

Der flach ausgebreitete Stamm besteht aus dicken, unregelmässig gabelnden Zweigen, die mit ihren dünneren Querstäbchen längliche Maschen von 1 mm. Breite und fast 2 mm. Länge einschliessen. Die Zweige erscheinen mit ihrer gestreiften Fläche zum Theil dachförmig und mit einem schmalen Rande umgeben, zum Theil auch, an demselben Stamme, nur gerundet. Ihre zellentragende Seite ist mit kleinen vertieften Poren bedeckt, die sich im Quincunx anordnen und schiefe Reihen mit 4—5 Poren bilden. Die Quersprossen sind zellenlos, auch nach Mc Coy's Abbildung, wesshalb wir sie nicht zu *Polypora* stellen.

Wir würden kein Bedenken tragen, diese Art mit *Fenestella infundi-buliformis* (Gorgonia inf.) Goldfuss, Petr. Germ. I, p. 98. Tab. 36, F. 2. a (excl. aliis), zu vereinen, wenn nicht deren Maschen nach Keyserling's Beschreibung (Petschoraland p. 190) bei 1 mm. Breite 3 — 4 mm. Länge erreichten.

Vorkommen: Nach Mc Coy und Portlock im Kohlenkalke von Irland; unsere Exemplare wurden von Prof. Marcou in dem bunten Mergelthone C. c^{IV}. (Nr. 48) bei Nebraska-City, und in einem gelblich-grauen Kalksteine B. b^{II}. (Nr. 4) bei Vyoming, 7 Meilen N. von Nebraska-City, entdeckt. Eine Varietät mit nur wenig grösseren Maschen liegt ferner mit *Spirifer cameratus* Morton und *Stenopora columnaris* Schl. sp. zusammen in einem gelblich-grauen Kalksteine von Plattesmouth (Nr. 90).

Synocladia King, 1849.

94. *S. virgulacea* Phillips sp. — Tab. V, Fig. 14.

 1850. King, Mon. Perm. Foss., p. 39, Pl. 3, F. 14; Pl. 4, F. 1—8.
 1858. Swallow & Hawn, Trans. Ac. Sci., St. Louis, Vol. I, Nr. 2, p. 9.
 1859. *Synocladia biserialis* Swallow, Meek & Hayden, Proc. Ac. of Philadelphia, Jan., p. 24.
 1861. Geinitz, Dyas, p. 118, Taf. XXII, F. 3. 4.

Wir können die amerikanische Form von der europäischen nicht trennen, da unsere Exemplare an den schwächeren Zweigen zwar nur zwei bis drei Längsreihen von Polypenzellen wahrnehmen lassen, wie bei *S. biserialis* aus Kansas, an stärkeren Zweigen jedoch dieselbe grössere Anzahl, 3 — 4 Längsreihen, wie sie King sehr gut dargestellt hat. Sie treten besonders auf der linken Seite dieses Exemplars an der anscheinend glatten Oberfläche hervor. Unsere Abbildung ist nur bestimmt, die Gesammtform des Polypenstockes wiederzugeben.

Vorkommen: Diese im unteren Zechsteine Deutschlands seltene, dagegen im mittlen Zechsteine Englands mehrfach gefundene Art wurde in Nebraska gleichfalls in dem bunten Mergelthone C. c^{IV}. (Nr. 48) entdeckt. Swallow rechnet die Schichten von Cotton - wood in Kansas, worin er die *Var. biserialis* angetroffen hat, zu den unteren permischen Schichten, während sie nach Meek und Hayden selbst noch etwas tiefer bis in die Schichten der oberen Steinkohlenformation hinabsteigt.

Acanthocladia King, 1849.

95. *A. Americana* Swallow.

1858. *A. anceps?* Swallow & Hawn, Trans. Ac. Sci., St. Louis, Vol I, Nr 2, p. 10.

1859. *A. Americana* (Swall.), Meek & Hayden, Proc. Ac. of Philadelphia, Jan., p. 24.

Die von genannten Autoren hervorgehobenen Unterschiede von *A. anceps:* eine unregelmässigere Anordnung der bei *A. anceps* in deutlichen Längsreihen stehenden Polypenzellen und eine unregelmässige Fiederung, welche letztere jedoch auch zuweilen bei *A. anceps* eintritt, bestätigen sich auch an einem Exemplare von Morton, 4 Meilen W. von Nebraska-City (B. b[VI]. Nr. 1), das in einem dunkelgrauen sandigen Kalksteine mit einem Bruchstücke des *Productus semireticulatus* zusammen liegt.

Swallow hat diese Art bei Cotton-wood Creek in Kansas entdeckt.

3. Ordn. Foraminifera.

Fusulina Fischer, 1837.

96. *F. cylindrica* Fischer. — Tab. V, Fig. 5.

1837. Oryctographie du Gouvernement de Moscou, p. 126, Taf. XIII, F. 1—5.

1859. Meek & Hayden, Proc. of the Ac. of Philadelphia, p. 24.

1863. Dana, Manual of Geology, p. 164, p. 347.

1864. Meek in Palaeontology of California, I, p. 4, Pl. 2, F. 1.

„*Fusulina cylindrica, fusiformis, elongata, loculamentis dilatatis*" (Fisch.).

Wie in Russland und Spanien, so ist *F. cylindrica* auch in Nordamerika für die obere Abtheilung des Kohlenkalkes bezeichnend. Sie wurde von Marcou in grosser Menge in einem grauen Mergel (Nr. 88) von Plattesmouth aufgefunden. Bald erscheint sie etwas kürzer oder länger und mehr oder

minder bauchig, im Allgemeinen ist sie cylindrisch-spindelförmig und entspricht
ganz der von F i s c h e r abgebildeten Normalform. — Eine mehr bauchige
Varietät ist in den oberen Schichten der Steinkohlenformation Nordamerika's
sehr verbreitet, namentlich in den Staaten Ohio, Illinois, auch durch W h i t -
n e y 's Forschungen neuerdings in Bass's Ranch, Shasta County, Californien
nachgewiesen worden.

97. *F. depressa* F i s c h e r. — Tab. V, Fig. 6.

1837. F i s c h e r, Oryct. du Gouv. de Moscou, p. 127, Tab. XIII, F. 6—11.

„Fusulina depressa, oblonga, depressa, cameris angustioribus" (F i s c h.).

Diese Diagnose entspricht ganz einer zweiten, mit der vorigen sowohl
in Russland als bei Plattesmouth in Nebraska zusammen gefundenen Art, die wir
mit *F. cylindrica* nicht vereinigen können. Wenn dies mit *F. depressa* bisher
von den meisten Autoren geschehen ist, so mag ein Grund hierfür wohl in der
unrichtigen Darstellung der von F i s c h e r abgebildeten Querschnitte liegen,
für welche allerdings das Wort „*depressa*" wenig passt. An Exemplaren von
Plattesmouth tritt die Zusammendrückung der Schale meist um so stärker hervor, als dieselbe auch an der der Mündung gegenüberliegenden Seite etwas ge-
flügelt oder scharfkantig erscheint. Auch sind ihre Kammern, wie dies schon
F i s c h e r hervorgehoben hat, viel enger und zahlreicher als bei *F. cylindrica.*

B. Pflanzen.

1. Fam. Palmae.

Guilielmites Gein., 1858.

98. *G. permianus* Gein.

1858. Geinitz, die Leitpflanzen des Rothliegenden und des Zechsteingebirges. Leipzig, p. 19, Taf. II, F. 6—9.
1861. Geinitz, Dyas, II, p. 145. 340.

Ein deutlicher Abdruck dieser für das untere Rothliegende Deutschlands leitenden Palmenfrucht fand sich in den bunten Mergelthonen C. c^{IV}. (Nr. 48) von Nebraska-City.

2. Fam. Filices.

99. Ein Fragment eines auf *Odontopteris* oder *Cyclopteris* zurückzuführenden Farn kommen neben feingestreiften gabelnden Farnstengeln in einem lichtbräunlichen, feinen und leicht zerreiblichen Sandschiefer an der oberen Grenze der Dyas D. d^{I}. (Nr. 67) bei Nebraska-City vor.

3. Tabellarische Uebersicht

der

von Professor J. Marcou gesammelten Versteinerungen aus der Carbonformation und der Dyas von Nebraska.

(K = Carbonformation, D = Dyas, A, B, C, D sind die vier von Marcou bei Nebraska-City unterschiedenen Abtheilungen.

Gattungen und Arten.	Beschreib-ungen und Ab-bildungen.	Nebraska.				America.	Andere Welt-theile.
		K.	A.	B.	C.	D.		

Gattungen und Arten.	Beschreibungen und Abbildungen.	K.	A.	B.	C.	D.	America.	Andere Welttheile.
A. Thiere.								
1. Cl. *Crustacea*.								
Phillipsia Portl.								
1. *Ph.* sp.	p. 1, Tab. I, Fig. 1.	*	—	—	—	—	Plattesmouth, Nebraska.	In Europa nur in der Steinkohlen-formation.
Cythere Müll.								
2. *C. Nebrascensis* Gein.	p. 2, Tab. I, F. 2.	—	—	—	c^V.	—	Nebraska-City.	cf. *C. recta* v. Keys. aus Russland (D).
3. *C. Cyclas?* v. Keys.	p. 2, Tab. I, F. 3. 4.	—	—	—	c^V.	—	Nebraska-City.	Russland (D).

Gattungen und Arten.	Beschreibungen und Abbildungen.	Nebraska.					America.	Andere Welttheile.
		K.	A.	B.	C.	D.		
2. Cl. *Annulata*.								
Serpula L. (*Spirorbis* Lam.)								
4. *Š. (Spir.) Planorbites* Mün. sp.	p. 3, Tab. I, F. 6.	—	—	—		c^{IV}.	— Nebraska-City. ?Smoky Hill, Kansas (D). — *? Euomphalus rugosus* Hall (K).	Deutschland und England (D).
3. Cl. *Mollusca*.								
1. Ordn. Cephalopoda.								
Orthoceras Breyn.								
5. *O. cribrosum* Gein.	p. 4, Tab. I, F. 5.	—	—	—		c^V.	— Nebraska-City.	
2. Ordn. Gasteropoda.								
Turbonilla Leach, Risso (*Chemnitzia* d'Orb, *Loxonema* Phill.).								
6. *T. Swallowiana* Gein.	p. 5, Tab. I, F. 19.	—	—	—		c^V.	— Nebraska-City.	cf. *Turritella biarmica* Kutorga aus Russland (D).
Macrocheilus Phill.								
7. *M. Hallianus* Gein.	p. 5, Tab. I, F. 7.	—	—	b^{II}.		—	— Vyoming, Nebraska.	
Bellerophon Montf.								
8. *B. carbonarius* Cox.	p. 6, Tab. I, F. 8.	—	—	b^{II}.	c^V. c^{VI}.	—	Vyoming, — Nebraska-City.— Kentucky (K).	cf. *B. Urei* Flem. (K).
9. *B. Marcouianus* Gein.	p. 7, Tab. I, F. 12.	—	—	—		c^{IV}.	— Nebraska-City.	
10. *B. interlineatus* Portl. (*B. depressus* Eichw.)	p. 8, Tab. I, F. 11.	—	—	—		c^{IV}.	— Nebraska-City.	Irland, Russland (K).
11. *B. Montfortianus* Norw. & Pratt.	p. 8, Tab. I, F. 13.	—	—	—		c^{IV}.	— Nebraska-City.— Illinois, Indiana (K).	
Pleurotomaria Defr.								
12. *Pl. Grayvillensis* Norw. & Pratt.	p. 9, Tab. I, F. 9.	—	—	—		c^V.	— Nebraska-City.— Illin., Kent. (K)	

10*

Gattungen und Arten.	Beschreibungen und Abbildungen.	K.·A.	B.	C.	D.	America.	Andere Welttheile.
13. *Pl. Marcoviana* Gein.	p. 10, Tab. 1, F. 10.	—,—	—	c^{VI}.	—	Nebraska-City.	cf. *Pl. atomus* v. Keys. aus Russland (D).
14. *Pl. subdecussata* Gein.	p. 10, Tab. I, F. 11.	— —|	—	c^{V}. c^{VI}.	—	Nebraska-City.	cf. *Pl. decussata* Mc Coy (K).
15. *Pl. Haydeniana* Gein.	p. 11, Tab. I, F. 15.	— —	—	c^{V}.	—	Nebraska-City.	cf.*Pl.ornatissima* de Kon. (K).
Murchisonia d'Arch.							
16. *M. Marcouiana* Gein.	p. 11, Tab. I, F. 16.	* —	—	—	—	Rockbluff, Nebraska.	cf. *M. angulata* Phill. sp. (K).
17. *M. Nebrascensis* Gein.	p. 12, Tab. I, F. 17.	—,—	—	c^{V}.	—	Nebraska-City.	
18. *M. sublaeniata* Gein.	p. 12, Tab. I, F. 18.	— —,	—	c^{V}.	—	Nebraska-City.	cf. *M. taeniata* Phill. (K).
Dentalium L.							
19. *D. Meekianum* Gein.	p. 13, Tab. I, F. 20.	—'—	—	c^{V}.	—'	Nebraska-City.	cf. *D. priscum* Mün. et *D. ingens* de Kon. (K).
3. Ordn. Pelecypoda.							
Allorisma Kg.							
20. *A. elegans* Kg.	p. 13, Tab. I, F. 21.	— —	—	c^{IV}. c^{V}.	—	Nebraska-City.	Deutschland, England, Russland (D).
21. *A. subcuneata* Meek & Hayden.	p. 14.	*	b^{IV}.	—	—	Plattesmouth. Vyoming, Nebraska.— Kansas (K).	
22. *A. Leavenworthensis* M. & H.	p. 15.	*	—	—	—	Plattesmouth, Nebraska.— Kansas (K).	cf. *A. sulcata* Flem., King (K).
Solemya Lam.							
23. *S. biarmica* de Vern.	p. 15, Tab. I, F. 22.	*	—	c^{IV}.	—	Plattesmouth, Nebraska-City. Council Grove, Kansas (K).	Deutschland, England, Russland (D). cf. *Sol. primaeva* Mc Coy (K).

Gattungen und Arten.	Beschreibungen und Abbildungen.	K.	A.	B.	C.	D.	America.	Andere Welttheile.
Astarte Sow.								
24. *A. gibbosa* McCoy.	p. 16, Tab. 1, F. 23. 24.	*	—	—	—	—	Plattesmouth. Nebraska.	Irland (K).
25. *A. Nebrascensis* Gein.	p. 16, Tab. I, F. 25.	—	—	—	c^{IV}.	—	Nebraska-City.	
26. *A. Mortonensis* Gein.	p. 17, Tab. I, F. 26.	—	—	b^{VI}.	—	—	Morton, Nebr.	
27. *A.* sp.	p. 17, Tab. I. F. 27.	—	—	—	c^{IV}.	—	Nebraska-City.	cf. *Cardiomorpha minuta* v. Keys. et *Astarte Tunstallensis* Kg. (D).
Schizodus Kg.								
28. *Sch. truncatus* Kg.	p. 18.	—	—	—	c^{VI}.	—	Nebraska-City.	Deutschland, England (D).
29. *Sch. Rossicus* de Vern.	p. 18, Tab. I, F. 28. 29.	—	a^{II}.	b^{II}.	c^{III}. c^{IV}. c^{V}. c^{VI}.	—	Nebraska-City. — Desgl. u. Morton. Nebraska-City.	Russland (D).
30. *Sch. obscurus* Sow.	p. 20, Tab. I, F. 30. 31.	—	—	—	c^{V}. c^{VI}.	—	Nebraska-City. — Kansas (D).	Deutschland, England (D).
Arca L.								
31. *A. striata* Schl.	p. 20, Tab. I, F. 32.	—	—	b^{II}.	—	—	Wyoming, Nebr.,— cf. *Arca carbonaria* Cox von Kentucky (K).	Deutschland, England (D).
Nucula Lam.								
32. *N. Kazanensis* de Vern.	p. 20, Tab. I, F. 33. 34.	—	—	—	c^{IV}. c^{V}.	—	Nebraska-City. — Kansas (D).	Russland (D).
33. *N. Beyrichi* v. Schaur.	p. 21, Tab. I. F. 36. 37.	—	—	b^{II}.	c^{V}.	—	Wyoming. Nebraska-City.	Deutschland (D).
34. *N.* sp.	p. 22, Tab. I. F. 35.	—	—	—	c^{V}.	—	Nebraska-City. — Kansas (D).	
cf. *Leda subscitula* M. & H.								
Edmondia de Kon.								
35. *E. Calhouni?* M. & H.	p. 22, Tab. II, F. 1. 2.	—	—	c^{III}.	c^{IV}.	—	Nebraska-City. — Kansas (D).	

Gattungen und Arten.	Beschreibungen und Abbildungen.	Nebraska. K	A.	B.	C.	D.	America.	Andere Welttheile.
Clidophorus Hall et *Pleurophorus* Kg.								
36. *Cl. Pallasi* de Vern.	p. 23, Tab. II, F. 3. 4.	—	—	b^{II}.	—	—	Vyoming.	Deutschland, England, Russland (D).
cf. *Pleur. Permianus* Swallow.					c^{IV}. c^{VI}	—	Nebraska-City. — Kansas (D).	
37. *Cl. occidentalis* M. & H.	p. 23, Tab. II, F. 6.	—	—	—	c^{IV}.	—	Nebraska-City.	
38. *Cl.* (an *Pleur.*) *simplus* v. Keys. (*Pleur. subcuneatus* M. & H.)	p. 24, Tab. II, F. 5	—	—	—	—	—	Kansas (D).	*Modiola simpla* v. Keys. in Russland (D).
39. *Cl. solenoides* Gein.	p. 25, Tab. II, F. 7.	—	—	—	c^{IV}.	—	Nebraska-City.	
Aucella v. Keys.								
40. *A. Hausmanni* Goldf. sp.	p. 25, Tab. II, F. 8.	—	—	—	c^{V}.	—	Nebraska-City. — Kansas (D).	Deutschland, England, Irland, Russland (D).
Mytilus L.								
41. *M. concavus?* Swall. & Hayd.	p. 26, Tab. II, F. 9.	—	—	—	c^{IV}.	—	Nebraska-City. - Kansas (D).	
Myalina de Kon.								
42. *M. perattenuata* M. & H.	p. 27, Tab. II, F. 10. 11.	—	—	—	—	—	Kansas (D).	
43. *M. subquadrata* Shum.	p. 27, Tab. III, F. 25. 26.	—	—	—	c^{V}.	—	Nebraska-City. — Kansas (K).	
Avicula Klein (*Monotis* Br.).								
44. *A. speluncaria* Schl. sp. (*Mon. Hawni* M. & H.)	p. 28, Tab. II, F. 12.	—	—	—	c^{V}.	—	Nebraska-City. — Kansas (D).	Deutschland, England, Russland (D).
45. *A. pinnaeformis* Gein.	p. 31, Tab. II, F. 13.	—	—	—	c^{IV}.	—	Nebraska-City.	Deutschland, England (D).
Gervillia Defr.								
46. *G. parva* M. & H.	p. 32, Tab. II, F. 14.	—	—	—	—	—	Kansas (D).	

Gattungen und Arten.	Beschreibungen und Abbildungen.	Nebraska. K.	A.	B.	C.	D.	America.	Andere Welttheile.
47. *G. longa* Gein.	p.32, Tab.II, F. 15.	—	—	—	c.^{IV}. c^V.	—	Nebraska-City.	
48. *G. (an Avicula) sulcata* Gein.	p.33, Tab.II, F. 16.	—	—	—	c^V.	—	Nebraska-City.	
Pecten Gualt.								
49. *P. neglectus* Gein.	p.33, Tab.II, F. 17.	—	—	—	c^{IV}.	—	Nebraska-City.	
50. *P. grandaevus?* Goldf. sp.	p. 34.	*	—		—	—	Plattesmouth, Nebraska.	Herborn in Nassau (unt. K).
51. *P. Missouriensis?* Shum.	p.35, Tab.II, F. 18.	*	—		—	c^V.	Plattesmouth. Nebraska-City.— St. Louis-Kalkst. am Missouri (K).	
52. *P. Hawni* Gein.	p.36, Tab.II, F. 19.	—	—	—	c^{IV}.	—	Nebraska-City.	cf. *P. exoticus* Eichw. aus Russland (K).
Lima Brug.								
53. *L. retifera?* Shum.	p.36, Tab.II. F. 20. 21.	—	—		—	c^{IV}.	Nebraska-City. — Kansas (K).	
4. Ordn. Brachiopoda.								
Rhynchonella Fisch.								
54. *Rh. angulata* L.	p.37, Tab.III, F. 1—4.	—	—	b.		—	Bennett's Mill. Nebraska. c^{II}. — Nebraska-City.	Visé. Dublin. Cork. Isle of Man (K).
Camarophoria Kg.								
55. *C. globulina* Ph. (cf. *C. rhomboidea* Phill. sp.)	p.38, Tab.III, F. 5.	—	—	b.		—	Bennett's Mill. Nebraska. c^{II}. — Nebraska-City.	Deutschland. England (D).
Retzia Kg.								
56. *R. Mormonii* Marc. (*R. punctilifera* Shum., *R. compressa* Meek.)	p.39, Tab.III, F. 6.	*	—	—		—	Plattesmouth, Nebraska. — Great Salt Lake-City, Kansas, Missouri, Californien (K).	

Gattungen und Arten.	Beschreib-ungen und Ab-bildungen.	Nebraska.					America.	Andere Welt-theile.
		K.	A.	B.	C.	D.		
Athyris McCoy *(Spi-rigera* d'Orb). 57. *A. subtilita* Hall.	p.40, Tab.III, F. 7—9.	*	—	—	—	—	Bellevue, Omaha-City, Plattesmouth, Nebr., Crescent- City, Jowa. Bennett's Mill, Nebraska-City.— Rocky-Mount., Sierra Madre, am grossen Salz- see, Kansas (K).	Pundschab etc. in Indien.
				b.	c^{II}.			
58. *A. plano - sulcata.* Phill. sp.	p. 42.	*	—	—	—	—	Bellevue, Omaha- City, Plattes- mouth, Nebr.	Belgien, Eng- land etc. (K).
Spirifer Sow. 59. *Sp. plano-convexus* Shum.	p.42, Tab.III, F. 10—18.	*	—	—	c^{II}., c^{IV}.	—	Plattesmouth. Nebraska-City.— Missouri, Illi- nois etc. (K).	
60. *Sp. cameratus* Morton. *(Moosakhailensis* Dav., *Sp. fasciger* v. Keys.)	p. 44.	*	—	—	—	—	Bellevue, Plattes- mouth, Nebr. Bennett's Mill. Nebraska-City.— Ohio, Illinois, Jowa, Missouri, Neu-Mexico (K).	Russland (K). Kaschmir und Pundschab in Indien (K.)
				b. b^{t}.				
61. *Sp. Mosquensis* Fischer.	p. 45.	*	—	—	—	—	Plattesmouth.	Europa (K).
62. *Sp. laminosus* Mc Coy.	p.45, Tab.III, F. 19.	*	—	—	—	—	Plattesmouth, Nebr., Crescent- City in Jowa (K). Nebraska-City.	Belgien, Eng- land, Irland (K).
					c^{II}.			
Orthis Dalm. *(Strep-torhynchus* Kg.) 63. *O. crenistria* Phill.	p.46, Tab.III, F. 20. 21.	*	—	—	—	—	Bellevue, Plattes- mouth. Bennett's Mill. Nebraska-City.	Europa u. Indien (K). Productive Stein- kohlenf. in Schle- sien.
				b. b., b^{IV}.	c^{II}., c^{V}.			

Gattungen und Arten.	Beschreibungen und Abbildungen.	K.	A.	B.	C.	D.	America.	Andere Welttheile.
64. O. striato-costata Cox sp. (Srept. pectiniformis Dav.)	p.48,Tab.III, F. 22—24.	*	—	—	—	—	Crescent-City, Jowa. Kentucky (K).	Pundschab in Indien (K).
Strophalosia Kg.								
65. St. horrescens de Vern. (cf. Prod. Rogersii Norw. & Pratt., et Pr. Norwoodi Sw.)	p. 49.	*	—	b.	c^{II}. c^{V}.	—	— Bellevue, Plattes-mouth, Nebr. — Bennett's Mill. — Nebraska-City.— Kansas (K u. D).	Russland (D).
Productus Sow.								
66. Pr. Cora d'Orb.	p. 50.	*	—	—	—	—	— Bellevue, Plattes-mouth, Nebr.	Russland u. a. Länder Europa's (K).
67. Pr. semireticulatus Mart. sp.	p. 51.	*	—	b^{VI}.	c^{III}.	—	— Plattesmouth. — Morton, Nebr. — Nebraska-City.— N.-Amerika (K).	Russland u. a. Länder Europa's, Asien (K).
68. Pr. costatus Sow (Pr. Portlockianus Norw. & Pratt.)	p. 51.	*	—	—	—	—	— Bellevue, Plattes-mouth, Nebr.	England, Irland, Russland.
69. Pr. Flemingi Sow. (Pr. longispinus, Pr. spinosus Sow., Pr. Calhounianus Shum. & Sw., Pr. Prattenianus Norw. & Pratt.)	p.52,Tab.IV, F. 1—4.	*	—	—	c^{V}.	—	— Bellevue, Plattes-mouth, Nebr. — Kansas etc. — Nebraska-City.	Russland u. a. Länder Europa's, Indien, Neu-Holland (K).
70. Pr. Koninckianus? de Vern.	p.53,Tab.IV, F. 5.	—	a^{II}.	b.	—	—	— Nebraska-City.— Bennett's Mill, Nebr.	Belgien, England, Schottland, Petschoraland, Plateau von Bolivia (K).
71. Pr. Cancrini de Vern.	p.54.Tab.IV, F. 6.	—	—	—	c^{II}.	—	— Nebraska-City.	Deutschland, Russland (D).
72. Pr. scabriculus? Mart.	p. 54.	*	—	—	—	—	— Plattesmouth, Nebr.	Deutschland, Belgien, England, Irland, Russland (K).
73. Pr pustulosus Phill.	p. 55.	*	—	—	—	—	— Bellevue, Plattes-mouth, Nebr.	Europa (K)

Gattungen und Arten.	Beschreibungen und Abbildungen.	K.	A.	B.	C.	D.	America.	Andere Welttheile.
74. *Pr. punctatus* Mart. sp.	p.55.	*	—	$b^I. b^{II}.$ $b^{IV}.$	—	—	Bellevue, Omaha-City, Plattesmouth. Bennett's Mill, Vyoming und Nebraska-City.	Russland u. a. Länder Europa's (K).
75. *Pr. horridus* Sow.	p.55, Tab.IV, F. 7.	—	—	b.	—	—	Bennett's Mill, Nebraska.	Deutschland, Polen, England, Spitzbergen (D).
76. *Pr. Orbignyanus* de Vern. (*Pr. splendens* et *Pr. Wabashensis* Norw. & Pratt.)	p.56, Tab.IV, F. 8—11.	*	—	—	$c^{II}.$	—	Bellevue, Omaha-City, Plattesmouth, Nebr. — Illinois, Missouri, Indiana, Boliv. Anden. Nebraska-City.	
Chonetes Fischer.								
77. *Ch. mucronata* M. & H.	p.58, Tab.IV, F. 12—14.	*	$a^{II}.$	— $b^I.$ b.	— $c^{II}, c^V.$ $c^{VI}.$	— —	Plattesmouth, Nebr. — Kansas. Nebraska-City. Bennett's Mill, Nebraska.	
78. *Ch. Flemingi* Norw. & Pratt.	p. 59.	*	—	—	—	—	Bellevue, Nebr. — 10 Meilen NW. von Richmond, Miss.	
79. *Ch. glabra* Gein.	p.60, Tab.IV, F. 15—18.	—	—	—	$c^{II}. c^{IV}.$	—	Nebraska-City.	
4. Cl. *Radiata.*								
1. Ordn. Echinoidea.								
Eocidaris Desor.								
80. *E. Hallianus* Gein.	p. 61. Tab.V, F. 1.	—	—	—	$c^V.$	—	Nebraska-City.	
81. *E. Rossicus?* v. Buch.	p.61.	*	—	—	—	—	Bellevue, Nebr.	Russland (K).

Gattungen und Arten.	Beschreibungen und Abbildungen.	Nebraska. K.	A.	B.	C.	D.	America.	Andere Welttheile.
2. Ordn. Crinoidёa.								
Cyathocrinus Mill.								
82. *C. ramosus* Schl. sp.	p.62, Tab.IV, F. 19.	—	—	—	—	—	—	Deutschland, England, Russland (D).
83. *C. inflexus* Gein.	p.62, Tab.IV, F. 20—22.	—	—	*	—	—	Morton, Nebr. Nebraska-City.	
				*	*	—		
Actinocrinus Miller.								
84. *A.* sp.	p.64, Tab.IV, F.25.26.29.	*	—	—	—	—	Plattesmouth. Bennett's Mill, Nebr.	
				b.	—	—		
5. Cl. Polypi.								
1. Ordn. Anthozoa.								
Cyathaxonia? Mich.								
85. *C.* (cf. *tortuosa* Mich.)	p.65, Tab.V, F. 3.	*	—	—	—	—	Plattesmouth.	
86. *C.* (cf. *cornu* Mich.)	p.66, Tab.V, F. 4.	—	—	—	c^{II}.	—	Nebraska-City.	
Stenopora Lonsdale.								
87. *St. columnaris* Schl. sp.	p. 66.	*	—	—	—	—	Bellevue, Plattesmouth.	Deutschland, England, Russland (D). Auch in (K).
				b.	—	—	Vyoming, Bennett's Mill.	
				b^I. b^{II}. b^{IV}.	c^{II}. c^{IV}.	—	Nebraska-City.	
2. Ordn. Bryozoa.								
Fenestella Lonsdale.								
88. *F. elegantissima* Eichw.	p.67, Tab.V, F. 7.	*	—	—	c^{IV}.	—	Bellevue, Nebr. Nebraska-City, — Kansas (D).	Saraninsk am Ural (K).
89. *F. plebeja* Mc Coy.	p.68, Tab.V, F. 8.	*	—	—	—	—	Bellevue und Plattesmouth, Nebraska.	Irland (K).
90. *F. virgosa* Eichw.	p.68, Tab.V, F. 9.	*	—	—	—	—	Bellevue.	Saraninsk am Ural (K).

11*

Gattungen und Arten.	Beschreibungen und Abbildungen.	Nebraska.					America.	Andere Welttheile.
		K.	A.	B.	C.	D.		
Polypora Mc Coy.								
91. *P. biarmica* v. Keys.	p. 68, Tab. V, F. 13.	—	—	b^{VI}.	c^{II}.	—	Morton, Nebr. Nebraska-City.	Russland (D).
92. *P. papillata* Mc Coy.	p. 69, Tab. V, F. 10.	*	—	—	—	—	Plattesmouth.	Irland (K).
93. *P. marginata* Mc Coy. (*Fen. polyporata* Portl.)	p. 69, Tab. V, F. 11. 12.	*	—	b^{II}.	c^{IV}.	—	Plattesmouth. Vyoming. Nebraska-City.	Irland (K).
Synocladia Kg.								
94. *S. virgulacea* Phill. sp.	p. 70, Tab. V, F. 14.	—	—	—	c^{IV}.	—	Nebraska-City.— Kansas (D).	Deutschland, England (D).
Acanthocladia Kg.								
95. *A. Americana* Sw. & Hayd.	p. 71.	—	—	b^{VI}.	—	—	Morton, Nebraska-City.— Kansas (D).	
3. Ordn. Foraminifera.								
Fusulina Fischer.								
96. *F. cylindrica* Fisch.	p. 71, Tab. V, F. 5.	*	—	—	—	—	Plattesmouth, Nebr. — Ohio, Illinois, Missouri, Kansas, Californien.	Spanien, Russland (K).
97. *F. depressa* Fisch.	p. 72, Tab. V, F. 6.	*	—	—	—	—	Plattesmouth, Nebraska.	Russland (K).
B. Pflanzen.								
1. Fam. Palmae.								
Guilielmites Gein.								
98. *G. permianus* Gein.	p. 73.	—	—	—	c^{IV}.	—	Nebraska-City.	Deutschland (unt. D).
2. Fam. Filices.								
99. *Odontopteris* an *Cyclopteris* sp.	p. 73.	—	—	—	—	d^{I}.	Nebraska-City.	

Concluding remarks.

1. Among 33 different species from Plattsmouth Nebraska, including including the leading genus Phillipsia, there were already known 30 species of the Carboniferous form-ation (Carboniferous lime and Culm, also the higher beds of the true Coal format-tion, of Europe, India and America, among which Stenopora columnaris Schlot. sp., likewise occurs in the marine beds of the Dyas (or Zechstein formation).

Two other species Solenomya biarmica, de Vern. and Productus horescens, which occur at Plattsmouth, have heretofore been considered in Europe as characteristic of the beds of the Dyas (or the Permian); nevertheless it is difficult to determine a variation between Solenomya biarmica from these formations, and S. primaeva from the Carboniferous limestone of Ireland. Even so it appears the near relationship between Strophalosia horescens, and some species of Productus, that this species also, as in America, where this has already been demonstrated, so also in Europe has existed also in the Carboniferous period. Among the 33 species there found two have been referred to Cyathaxonia, cannot, on account of un-satisfactory determination be decided; nevertheless have their nearest relations among the species of the Coal-formation. From all this, it appears perfect-ly justifiable to designate the described fauna of the beds at Plattsmouth Carbonifere. Their geological horizon may in like manner be placed with that of the Fusulina limestone of Russia and Spain, or the Upper division of the Carboniferous limestone. According to Marcou's explanations, laid down in the introduction, the relations of the deposits north of the Platte river, at Bellevue and other places in Nebraska, of the croppings out of the layers of the Carboniferous lime occupy a deeper horizon in the division of the Carboniferous limestone.

As the 60 feet thick limestone formation at Rock Bluff, 8 miles

4. Schlussfolgerungen.

1. Unter 33 von Plattesmouth in Nebraska unterschiedenen Arten sind, mit Hinzurechnung der als Gattung leitenden *Phillipsia*, 30 Arten schon in der Carbonformation (Kohlenkalk und Culm, sowie höheren Schichten der eigentlichen Steinkohlenformation) Europa's, Indiens oder Amerika's bekannt gewesen, unter welchen *Stenopora columnaris* Schloth. sp. gleichzeitig in den marinen Schichten der Dyas (oder der Zechsteinformation) auftritt.

Zwei andere Arten, *Solemya biarmica* de Vern. und *Strophalosia horrescens* de Vern. sp., welche bei Plattesmouth vorkommen, haben in Europa bisher für die Schichten der Dyas (oder permischen Formation) als charakteristisch gegolten; indessen ist zwischen *Solemya biarmica* de Vern. aus diesen Gebilden und *Solemya primaeva* Mc Coy aus dem Kohlenkalke von Irland nur schwer eine Verschiedenheit herauszufinden. Ebenso scheint es bei der nahen Verwandtschaft zwischen *Strophalosia horrescens* und einigen *Productus*-Arten, dass auch diese Art, wie in Amerika, wo dies bereits erwiesen ist, so auch in Europa schon in der Steinkohlenzeit existirt habe. Eine der unter jenen 33 Arten befindliche Koralle, die als *Cyathaxonia* sp. aufgeführt worden ist, kann wegen ungenügender Bestimmung nicht entscheidend sein, hat jedoch unter den Arten der Carbonformation ihre nächsten Verwandten. Nach allem diesen scheint es vollkommen gerechtfertigt zu sein, die aus den Schichten von Plattesmouth beschriebene Fauna - als carbonisch zu bezeichnen. Ihr geologischer Horizont darf dem Fusulinenkalke Russlands und Spaniens oder der oberen Abtheilung des Kohlenkalkes gleichgesetzt werden. Nach Marcou's in dem Vorworte niedergelegten Erörterungen der Lagerungsverhältnisse würden aber die nördlich von der Mündung des Platte-River bei Bellevue u. a. O. in Nebraska auftretenden Schichten des Kohlenkalkes einen tieferen Horizont im Gebiete des Kohlenkalkes einnehmen.

Da die 60 Fuss mächtige Kalksteinpartie bei Rockbluff, 8 Meilen südlich von Plattsmouth, sich im Hangenden der Fusulinenkalke von Plattsmouth entwickelt hat, so wird man sie wohl unbedenklich als den marinen Vertreter der oberen oder productiven Steinkohlenformation betrachten können.

Das einzige uns von dort bekannt gewordene Fossil, *Murchisonia Marcouiana*, gewährt als neue Art keinen Anhaltepunkt, da sie ebensowohl der carbonischen *M. angulata* Phill. sp., als der dyadischen *M. subangulata* de Vern. nahe verwandt ist.

In der mit (K) bezeichneten Colonne unserer tabellarischen Uebersicht sind daher sämmtliche Schichten von Bellevue, Plattsmouth und Rockbluff als zur Carbonformation oder Steinkohlenformation im weiteren Sinne gehörig zusammengefasst worden.

2. Von jenen 33 bei Plattsmouth unterschiedenen Arten steigen 13 Arten in die höher liegenden Schichten hinauf, indem 11 derselben auch in der Etage B. von Nebraska-City, Vyoming oder Morton und 13 noch in der Etage C. bei Nebraska-City nachgewiesen wurden.

Einige derselben, wie namentlich ein Fragment des *Productus semireticulatus*, mögen allerdings sich hier auf secundärer Lagerstätte befinden und aus tieferen Schichten in die letztere eingeschwemmt worden sein.

Unter 67 bei Nebraska-City gefundenen Arten fallen 3 in die Etage A 6 in die Etage B, 63 in die Etage C und 1 in die Etage D.

Von diesen 63 Arten der Etage C gehören 41 ihr ausschliesslich an, während 15 Arten auch in der bei Nebraska-City, Morton, 4 Meilen W. von Nebraska-City, Bennett's Mill, 3 Meilen NW. von Nebraska-City, und Vyoming, 7 Meilen N. von Nebraska-City entwickelten Etage B. auftreten, 2 Arten sich schon in Etage A bei Nebraska-City und 13 Arten auch in den älteren, der unteren Carbonformation zugerechneten Schichten von Bellevue, Plattsmouth, Rockbluff u. s. w. gefunden haben.

Diese Zahlen beurkunden eine neue, im Allgemeinen von der der Carbonformation verschiedene Thierwelt, welche jener der Dyas vollkommen entspricht.

Die Reihe der neu ausgeprägten Arten beginnt in Etage A mit *Schizodus Rossicus* de Vern., einer für die Dyas oder permischen Formation in Russland typischen Art, welche von *Productus Koninckianus* de Vern. begleitet wird, einer dem *Productus Cancrini* de Vern. in derselben Gebirgsformation am allernächsten verwandten Form. Die dritte Art, *Chonetes mucronata* Meek & Hayden, ist aus den älteren Schichten in die jüngeren unverändert übergegangen.

of Plattsmouth, as it may be viewed as the main representative of the upper or upper stone-coal formation.

The only fossil there known to us, the *Murchisonia Marcouana*, as a new species, gives no support, as it is so nearly related to the Carboniferous *M. ~~terungulata~~*, as to *M. subangulata of the Dyas*.

In the column marked (K) of our synopsis, the layers of Bellevue, Plattsmouth, and Rockbluff, are therefore together, in the broadest sense, considered as belonging to the Carboniferous, or Stone Coal formation. — Of the 33 different species of Plattsmouth, 13 species accend in the upper layers, as 11 of them have been shown to exist in the stage B. of Nebraska City, Wyoming, or Morton, & 13 also in the stage C of Nebraska City.

Some of them, as for instance a fragment of the *Productus semi-reticulatus*, may have occupy a ~~succeeding~~ secondary position, and may have swum in out of deeper layers.

Among 67 species found at Nebraska City, 3 fall in the stage A., 6 in the stage B., 63 in the stage C. and 1, in the stage D. Of these 63, species of the ~~stage~~ C, 41 belong exclusively to it, while 15 species also appear in the developed stage B, at Nebraska City, Morton 4 miles W. of Nebraska City, Bennets Mill, 3 miles N. W. of Neb. City, and Wyoming 7 miles north of Nebraska City. 2 species have already been found in the Stage A, at Nebraska City, and 13 species also in the older layers attributed to the Lower Culm formation of Bellevue, Plattsmouth, Rockbluff &c. These members announce a new animal world in general different from the Carbonformation, and which correspond perfectly with

The series of the new coined species, begins in th. stage A. with *Schizodus*
Rossicus, a typical species for the Dyas, or the Permian formation in Russia,
which is associated with *Productus Koninckii*, the next near relation of *Productus*
Cancrini, in the same Rockformation, *Chonetes mucronato*, passes unaltered from
the older to the later layers.

The fossils referred to the stage B, are partly new, as *M. Hallianus*, *Astart.*
Mortonensis; partly they have passed from the older layers as *Bellerophon car-*
-bonarius, *Allorisma subcuneata*, M.&H. *Athyris subtilita*, Hall, *Spirifer*
Cameratus, Morton, *Orthis crenistria*, Phillips, *Strophalosia horrescens*, de Vern.
Productus semireticulatus, Martin, *P. Koninckianus*, de Vern, *P. fornicatus*
Martin, *Chonetes mucronatus*, M.&H. *Actinocrinus species*, *Stenopora colum-*
-naris, Schlot. and *Polypora marginata*, McCoy. Partly they are characteristic
Dyas or Permian forms, as *Schizodus Rossicus* de Vern, *Avea striata*,
Schlot. *Nucula Beyrichi*, V. Schaur. *Clidophorus Pallasi*, de Vern. etc.
Camarophoria globulina Phil. *Strophalosia horrescens*, de Vern. *Prod. horridus*
Sow. *Stenopora columnaris*, Schl. *Polypora biarmica* M. Key. and *Acantho-*
cladia Americana, Swallow.

Of particular interest is here the first proof *Productus horridus*
in America, a species so extensively frequent in the German, English,
Zechstein, which has also been found in Poland and Spitzberge, but not
yet in Russia. Familiar with many thousands of examples of this *Produc-*
-tus, we have not the least hesitation, to answer for the identification of a young
example discovered at Bennets mill in Nebraska with this species of our Zechstein.

The 63 species contained in the stage C at Nebraska City, besides 21,
new species indicated, 22 species have been indicated in the Zechstein formation
of Europe, & in part of Kansas, whilst another species *Calliculmites permianus*
is a leading plant for the our Rottliegende (or inferior Dyas) in Germany.

Solemya biarmica, Schizodus truncatus, S. Rossicus, S. obscurus, Nucula Kazanensis, N. Beyrichi, Clidophorus Pallasi, Aucella Hausmanni, Avicula speluncaria, Strophalosia horrescens, Productus Cancrini, Avicula pinnaeformis Camarophoria globulina, Stenopora columnaris, Polypora biarmica, Synocladia virgulacea. Almost all, with a characteristic species are first described in the Permian layers of Russia, and with few exceptions have also been indicated in the Zechstein of Germany and England.

A far smaller number of fossils of this type (12 species) correspond with known species of the Carboniferous formation of Europe, India, New Holland or America, as Bellerophon interlineatus, (Rhynchonella angulata)

Die in Etage B nachgewiesenen Versteinerungen sind theilweise neu, wie *Macrocheilus Hallianus* Gein., *Astarte Mortonensis* Gein.; theilweise sind sie aus älteren Schichten herübergegangen, wie *Bellerophon carbonarius* Cox, *Allorisma subcuneata* M. & H., *Athyris subtilita* Hall, *Spirifer cameratus* Morton, *Orthis crenistria* Phill., *Strophalosia horrescens* de Vern. sp., *Productus semireticulatus* Mart., *Pr. Koninckianus* de Vern., *Pr. punctatus* Mart., *Chonetes mucronata* M. & H., *Actinocrinus* sp., *Stenopora columnaris* Schl. sp. und *Polypora marginata* Mc Coy; theilweise sind es ausgezeichnete dyadische oder permische Formen, wie: *Schizodus Rossicus* de Vern., *Arca striata* Schl., *Nucula Beyrichi* v. Schauroth *Clidophorus Pallasi* de Vern. sp., *Camarophoria globulina* Phill. sp., *Strophalosia horrescens* de Vern., *Productus horridus* Sow., *Stenopora columnaris* Schl. sp., *Polypora biarmica* v. Keys. und *Acanthocladia Americana* Swallow.

Von besonderem Interesse ist hier der erste Nachweis des *Productus horridus* in America, dieser im deutschen und englischen Zechsteine so ausserordentlich häufigen Art, die man auch in Polen und auf Spitzbergen, noch nicht aber in Russland angetroffen hat.

Mit vielen Tausenden von Exemplaren dieses *Productus* bekannt, haben wir nicht das geringste Bedenken, die Identität eines jungen bei Bennett's Mill in Nebraska entdeckten Exemplars mit unserer deutschen Zechsteinart zu verbürgen.

Jene 63 Arten der Etage C bei Nebraska-City enthalten, ausser 21 neu aufgestellten Arten, 22 Arten, welche für die Zechsteinformation von Europa und theilweise von Kansas bezeichnend sind, während eine andere Art, *Guilielmites permianus* Gein., eine Leitpflanze für das untere Rothliegende (oder die untere Dyas) in Deutschland ist. Wir erblicken unter denselben: *Cythere Cyclas* v. Keys., *Serpula Planorbites* Mün. sp., *Allorisma elegans* King, *Solemya biarmica* de Vern., *Schizodus truncatus* Kg., *Sch. Rossicus* de Vern., *Sch. obscurus* Sow., *Nucula Kazanensis* de Vern., *N. Beyrichi* v. Schaur., *Clidophorus Pallasi* de Vern., *Aucella Hausmanni* Goldf. sp., *Avicula speluncaria* Schl. sp., *Av. pinnaeformis* Gein., *Camarophoria globulina* Phill., *Strophalosia horrescens* de Vern. sp., °*Productus Cancrini* de Vern., *Stenopora columnaris* Schloth. sp., *Polypora biarmica* v. Keys. und *Synocladia virgulacea* Phill. sp. Fast sämmtliche mit einem ° ausgezeichnete Arten sind allermeist zuerst in den permischen Schichten von Russland entdeckt und mit nur wenigen Ausnahmen auch in dem Zechsteine Deutschlands und Englands nachgewiesen worden.

Eine weit kleinere Anzahl von Versteinerungen dieser Etage (12 Arten) stimmt mit bekannten Arten der Carbonformation aus Europa, Indien, Neu-Holland oder America überein, als: *Bellerophon interlineatus* Portl., *Rhynchonella angulata* L.,

Athyris sublilata Hall., *Spirifer cameratus* Mort., Sp. *laminosus* Mc Coy, *Orthis crenistria* Phill., der wahrscheinlich eingeschwemmte *Productus semireticulatus* Mart. sp., *Pr. Flemingi* Sow., *Pr. Orbygnianus* de Kon., die schon mehrfach genannte *Stenopora columnaris* Schl. sp., *Fenestella elegantissima* Eichw. und *Polypora marginata* Mc Coy; zehn andere Arten, welche der Etage C zukommen, wurden aus der Steinkohlenformation Nordamerika's beschrieben, wie: *Bellerophon carbonarius* Cox, *B. Montfortianus* Norw. & Pratt., *Pleurotomaria Grayvillensis* Norw. & Pratt., *Clidophorus occidentalis* M. & H., *Myalina subquadrata* Shum., *Pecten Missouriensis* Shum., *Lima retifera* Shum., *Spirifer plano-convexus* Shum., *Strophalosia horrescens* de Vern. (incl. *Prod. Rogersii* et *Prod. Norwoodi*) und . *Chonetes mucronata* M. & H.

Fasst man diese mit den vorher Genannten zusammen, so würden jene 63 Arten Versteinerungen der Etage C sich in der Weise vertheilen, dass 21 Arten darunter neu sind, 22 Arten der Dyas oder permischen Formation, und zwar, mit Ausnahme der von dem Ufer in das Zechsteinmeer eingeschwemmten Frucht des *Guilielmites permianus*, sämmtlich der marinen Abtheilung derselben oder der Zechsteinformation angehören. dass endlich 20 Arten schon in der Steinkohlenzeit oder der Carbonformation vorhanden gewesen sind, welche in der Zeit der Dyas noch fortgelebt haben.

3. Diese Zahlenverhältnisse erinnern an das allgemeine Verhalten zwischen der Pflanzenwelt der Steinkohlenformation und des unteren Rothliegenden, oder der limnischen Abtheilung der Dyas, welche bekanntlich auch eine Anzahl von Arten mit einander gemein haben, während eine grössere Anzahl von neuen Formen sich diesen zugesellte (vgl. Goeppert, über die Flora der permischen Formation in Leonhard und Geinitz' neuem Jahrbuche 1865. S. 301—306.). Noch mehr aber tritt dadurch eine Aehnlichkeit mit dem Verhalten dieser beiden Formationen an einzelnen Localitäten in Deutschland hervor, wo bei einer concordanten Lagerung der Schichten es oft sehr schwer wird, eine scharfe Grenze zwischen der Steinkohlenformation und der Dyas zu ziehen.

Sie erinnern in gleicher Weise an das Verhalten der obersilurischen zur unterdevonischen Fauna, oder der oberen devonischen zu jener des Kohlenkalkes an solchen Orten, wo diese Reihen sich ungestört und unter ähnlichen Bedingungen nach einander entwickelt haben.

Nicht überall sind die Grenzen zwischen einer und der darauf folgenden Gebirgsformation so haarscharf zu ziehen, wie dies der Fall da ist, wo limnische Bildungen in Wechsel mit marinen Ablagerungen treten, oder wo mächtigere kalkige und thonige

Athyris subtilita, Spirifer cameratus, S. lineatus, orthis crenistria, Prod. semireticulatus, P. flemingii, P. Orbignyanus, Stenopora columnaris, Fenestella elegantissima, Polypora marginata; 10 other species which belong to the bed C. have been described in the stone coal formation of North America, as Bellerophon carbonarius, B. Montfortianus, Pleurotomaria brazoliensis Clidophorus occidentalis, Myalina subquadrata, Shumard, Pecten Missourianus, Lima retifera, Spirifer planoconvexus, Strophalosia horrescens (Productus Rogersi, and P. Norwoodi) and Chonetes Mucronata. M. &.

Consider these together with those before named, so will the 33 species of fossils of the stage C. divide in such a manner, that 21 species are new, 22 belong to the Dyas or Permian, and truly with the exception of the Guilielmites permianus, which floated in from the shore into the Zechstein sea, belong together to the marine fauna division of the Zechstein form. and fully 20 species already existed in the time of the stone Coal, or the Carbon formation, and continue here in the time of the Dyas.

If we nevertheless hold forth in the idea that the exposed series at Plattsmouth corresponds to the upper Carboniferous limestone, or the Fusulina limestone, that the limestone formation at Rock bluff may considered as a marine representative of the upper productive stone coal formation, while the entire exposed series of layers at Nebraska City belong to the Dyas, so must the lower boundary of the latter yet be found in the adjacent part of the layers at Nebraska

formation in Germany as well as in Russia, by the lower division of the Dyas (or the Lower Rothliegende), and therefore we may expect that also in Nebraska, the equivalent, although marine, of this division will be found present.

From these indications we hold it as probable that at least a portion of the layers, which Meek and Hayden, with other American colleagues are in the habit of referring to the upper Stone-coal formation, may likely stand parallel with the lower Rothliegende, in which case the number of species which the layers at Nebraska City have in common with the true coal formation will be somewhat diminished.

Professor has felt these relationships very correctly, as is plainly seen through his communications, even if he has extended the boundaries of the Dyas in any case too far down even into the layers at Plattsmouth.

4. — The Dyas of Nebraska, so far as we have yet become acquainted with it, exhibits, if not a one sided, nevertheless a prevailing character to the marine character. To the conditions of its limnal or terrestrial division especially of a peculiar Rothliegende, it required mostly the concurrence of the porphyry, as we have shown to be the case in other places, a not unfrequent condition which appears not to have been given in. By the presence of neighbouring insular land during the development of the marine layers at Nebraska City, the recurrence of the Guildielmites permianus in their strata may be entirely explained. Perhaps it may yet be proved that the red, sandy micaceous and somewhat slaty clay, with which the division (A) at Nebraska City begins, at least represent the upper layers of the lower "Red lying", and that the marly clays repeatedly following above derived from the neighbouring crust swam in from the then existing sea. The variegated marly clay of the Division (c^IV) remind us strikingly of the presence of a similar

Niederschläge durch charakteristische Sandsteinablagerungen, wie etwa der Old Red Sandstone, schon petrographisch von einander sehr deutlich geschieden werden.

Aus den Eingangs besprochenen Lagerungsverhältnissen lässt sich im Allgemeinen weit mehr auf eine concordante als eine discordante Lagerung der Schichten der Carbonformation und der Dyas in Nebraska schliessen, welche Ansicht auch von Meek vertheidiget wird. Es ist schon desshalb hier schwieriger, als in vielen anderen Gegenden, eine scharfe Grenze zwischen beiden zu ziehen. Wenn wir jedoch festhalten wollen, dass die bei Plattesmouth entwickelte Reihe dem oberen Kohlenkalk oder den Fusulinenkalken entspricht, dass jene Kalksteinpartie bei Rock Bluff als ein mariner Vertreter der oberen productiven Steinkohlenformation angesprochen werden darf, während die ganze bei Nebraska-City aufgeschlossene Schichtenreihe zur Dyas gehört, so würde die untere Grenze der letzteren noch im Liegenden der Schichten von Nebraska-City gefunden werden müssen.

Die bei Nebraska-City vorkommenden Versteinerungen gehören einer Zone an, welche den untersten bis mittleren Schichten der deutschen Zechsteinformation (oberen Dyas) entspricht. Die letztere aber ist sowohl in Deutschland wie in Russland von der productiven Steinkohlenformation noch durch die untere Abtheilung der Dyas (oder das untere Rothliegende) geschieden und es ist daher wohl zu erwarten, dass auch in Nebraska ein, wenn auch marines, Aequivalent dieser Abtheilung vorhanden sein werde.

Nach diesen Andeutungen halten wir es für sehr wahrscheinlich, dass mindestens ein Theil der Schichten, welche Meek und Hayden mit andern amerikanischen Collegen als obere Steinkohlenformation zu bezeichnen pflegen, vielmehr dem unteren Rothliegenden parallel steht, in welchem Falle sich die Anzahl der Arten, welche die Schichten bei Nebraska-City mit der wirklichen Carbonformation gemeinschaftlich haben, um etwas verringern würde.

Professor Marcou hat diese Verhältnisse sehr richtig gefühlt, wie aus seinen Mittheilungen deutlich hervorgeht, wenn er auch die Grenze der Dyas nach unten hin jedenfalls zu weit, selbst bis in die Schichten von Plattesmouth, ausgedehnt hat.

4. Die Dyas von Nebraska zeigt, so weit uns dieselbe bis jetzt bekannt geworden ist, einen, wenn nicht einseitigen, so doch vorherrschend marinen Charakter. Zur Ausbildung ihrer limnischen oder terrestrischen Abtheilung, insbesondere eines eigentlichen Rothliegenden, hat es, wie an andern Orten von uns gezeigt worden ist, meist der Mitwirkung der Porphyre bedurft, eine nicht unwesentliche Bedingung, die in Nebraska, wie es scheint, nicht gegeben gewesen ist. Für das

Vorhandensein von benachbartem Inselland während der Ablagerung der marinen Schichten bei Nebraska-City könnte allerdings das Vorkommen des *Guilielmites permianus* in diesen Schichten mitsprechen. Vielleicht wird sich noch herausstellen, dass jene rothen, sandigen, glimmerführenden, etwas schieferigen Thone, mit welchen die Abtheilung (A) bei Nebraska-City beginnt, wenigstens die oberen Schichten des unteren Rothliegenden vertreten und dass die nach oben hin mehrfach folgenden Mergelthone von der benachbarten Küste her in das damalige Meer eingeschwemmt worden sind. Uns hat der bunte Mergelthon der Abtheilung (C. c^{IV}.) lebhaft an das Vorkommen eines ähnlichen bunten Mergels mit Meeresthieren bei Manchester erinnert, wenn auch der letztere ein noch höheres Niveau, das des oberen Zechsteins, einnimmt. (Vgl. Dyas II, p. 308.)

Diesem einseitigen oder doch vorherrschend marinen Charakter der ganzen in Nebraska auf einander folgenden Reihe der Gebirgsschichten, von dem Beginn der Carbonformation an bis in die Zeit der oberen Dyas, entspricht die Natur und das relative Verhältniss in der Vertheilung der organischen Ueberreste.

Wir haben mit Rücksicht auf die geognostischen Verhältnisse in Sachsen früher [1] einmal ausgesprochen, dass sich das carbonische Meer, d. h. ein Meer, aus welchem sich die marinen Schichten der Carbonformation abgeschieden haben, im Laufe der Zeit in ein Zechsteinmeer umgewandelt habe, was uns, wahrscheinlich in Folge eines Missverständnisses der Worte „carbonisches Meer", von einer Seite sehr übel genommen worden ist.

In Nebraska tritt aber eine solche allmähliche Umwandlung des früheren carbonischen Meeres in ein Zechsteinmeer mit aller Klarheit vor Augen. Man sieht hier die Bürger des alten Meeres allmählich verschwinden und an ihre Stelle treten neue ausgezeichnete dyadische Arten.

Manche der älteren Arten scheinen in der That nur geringe Veränderungen erlitten zu haben, um ihre Umprägung zu neuen Arten bewirken zu lassen. In dieser Beziehung erinnern wir noch einmal an einige *Producti*, von denen es nicht unmöglich ist, dass sie allmählich in den entsprechenden Zustand einer *Strophalosia* übergegangen sind, wie: *Productus scabriculus* Mart. sp. in *Strophalosia horrescens* de Vern., oder in Europa: *Productus Cancrini* de Vern. in *Strophalosia Morrisiana* King und *Productus Leplayi* de Vern. in *Strophalosia Leplayi* Gein. Ebenso kann *Orthis (Streptorhynchus) crenistria* Phill. als der unmittelbare Vorläufer der *Orthis*

---

[1] Geinitz, geognostische Darstellung der Steinkohlenformation in Sachsen, Leipzig, 1856, p. 82.

the latter takes a yet higher level, that of the Upper Zechstein (Comp: Ogas II p. 308).

The one sided, or yet prevailing marine character of the whole succession series of the mountain strata in Nebraska from the commencement of the Carboniferous on to the time of the Upper Dyas, announces to the nature and relation in the distribution of the organic remains. In regard to the geognostic relations in Saxony, we formerly experience onsselves that the Carbon Sea, that is to say, a sea from which the marine strata of the Carbonformation were deposited in the course of the time, was transformed into a Zechstein Sea, which has been received in certain quarters very un-favorably, probably in consequence of a misconception of the word Carbon sea. But in Nebraska such a gradual transition of the earlier Carbon Sea into a Zechstein Sea occurred with all clearness. One sees the inhabitants of the ancient sea gradually disappear, and in their place appear new characteristic Dyas species.

In fact many of the older species appear to have undergone but slight variation in their recoinage to operate as new species. In this connection we recall yet once certain Producti of which it is not improbable they gradually were transformed into the corresponding condition of Strophalosia, as P. scabriculus, into Strophalosia horrescens, or Prod: cancrini, into S. Morrisiana, P. Leplayi into S. Leplayi, evenso Orthis crenistria, into O. pelargonitis, Pecten cyclicus into P. Hawni.

The near relations of many of the species here distinguished as new species as are already known, are made prominent in the text, and it follows therefrom how the here described fauna of Nebraska,

fauna of corresponding strata of Russia, which again proves a contemporaneous of these land strips, distant from one another by that ancient sea.

pelargonata Schl. betrachtet werden, *Pecten exoticus* Eichw. von *Pecten Haueri* Gein. u. s. w.

Die nahen Beziehungen vieler hier als neu unterschiedenen Arten zu schon bekannten sind in dem Texte hervorgehoben worden, und es ergiebt sich daraus, wie die hier beschriebene Fauna von Nebraska etwa ihrem dritten Theile nach ganz oder doch am nächsten mit der aus entsprechenden Schichten Russlands bekannten Fauna übereinstimmt, was wiederum auf eine gleichzeitige Bedeckung dieser von einander so entfernten Landstriche durch jene alten Meere von neuem hinweist.

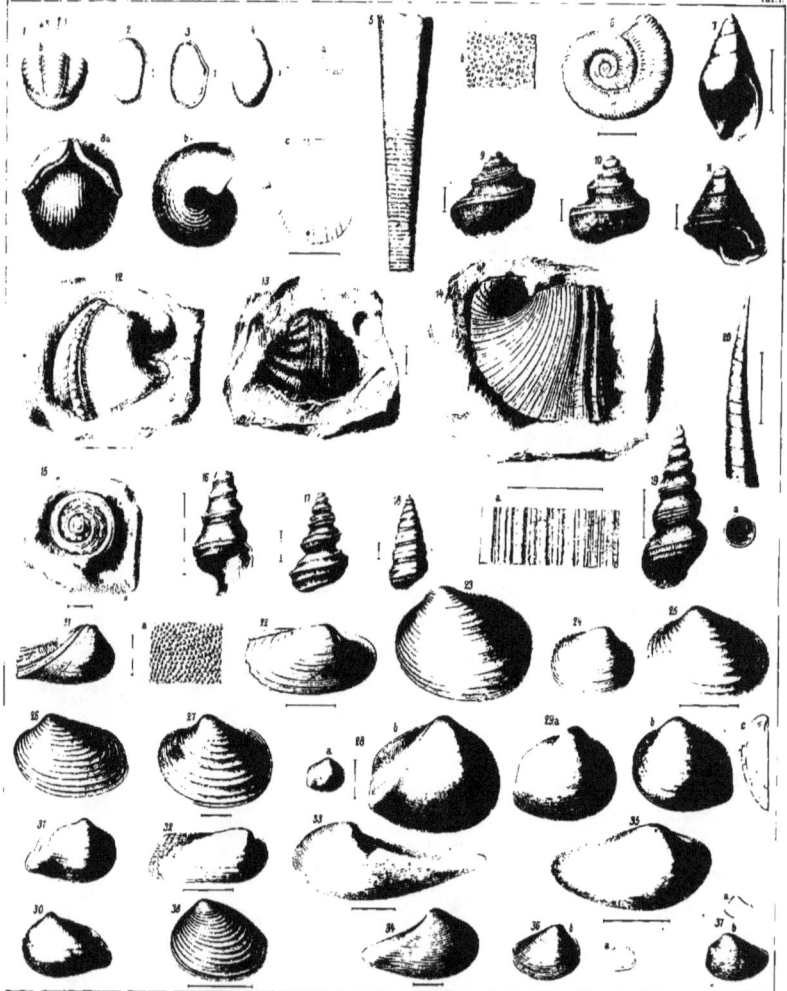

Erklärung der Tab. I.

(Die dabei stehenden Striche bezeichnen die wirkliche Grösse.)

Figur 1. *Phillipsia* sp. Schwanzschild vergrössert, aus gelblich-grauem Kalkstein von Plattesmouth, Nebraska, Nr 74. — p. 1.

Figur 2. *Cythere Nebrascensis* Gein., vergrössert, aus C. c^V. Nr. 61, von Nebraska-City. — p. 2.

Figur 3. *Cythere Cyclas?* v. Keys., von innen gesehen, vergrössert, aus C. c^V. Nr. 61, von Nebraska-City. — p. 2.

Figur 4. Desgl., Oberfläche der Schale, vergrössert, ebendaher.

Figur 5. *Orthoceras cribrosum* Gein., aus C. c^V. Nr. 52, von Nebraska-City. a Querschnitt in der Mitte, b ein Stück der Oberfläche, vergrössert. — p. 4.

Figur 6. *Serpula (Spirorbis) Planorbites* Mün. sp., vergrössert, aus C. c^{IV}. Nr. 48, von Nebraska-City. — p. 3.

Figur 7. *Macrocheilus Hallianus* Gein., vergrössert, aus B. b^{II}. Nr. 6, von Vyoming, 7-Meilen N. von Nebraska-City. — p. 5.

Figur 8. *Bellerophon carbonarius* Cox, vergrössert, aus C. c^V. Nr. 50, von Nebraska-City. a von der Mündung aus, b von der Seite, c vom Rücken gesehen. — p. 6.

Figur 9. *Pleurotomaria Grayvillensis* Norw. & Pratt., vergrössert, aus C. c^V. Nr. 60, von Nebraska-City. — p. 9.

Figur 10. *Pleurotomaria Marcoviana* Gein., vergrössert, aus C. c^{VI}. Nr. 66, von Nebraska-City. — p. 10.

Figur 11. *Pleurotomaria subdecussata* Gein., vergrössert, aus C. c^{VI}. Nr. 66, von Nebraska-City. — p. 10.

Figur 12. *Bellerophon Marcovianus* Gein., vergrössert, aus C. c^{IV}. Nr. 48, von Nebraska-City. — p. 7.

Figur 13. *Bellerophon Montfortianus* Norw. & Pratt., vergrössert, aus C. c^{IV}, Nr. 48, von Nebraska-City. — p. 8.

Figur 14. *Bellerophon interlineatus* Portl., vergrössert, aus C. c^{IV}. Nr. 48, von Nebraska-City. a Stärker vergrössertes Stück der Schale. — p. 8.

Figur 15. *Pleurotomaria Haydeniana* Gein., vergrössert, aus C. c^V. Nr. 61, von Nebraska-City. — p. 11.

Figur 16. *Murchisonia Marcoviana* Gein., vergrössert, von Rockbluffs in Nebraska. — p. 11.

Figur 17. *Murchisonia Nebrascensis* Gein., vergrössert, aus C. c^V. Nr. 60, von Nebraska-City. — p. 12.

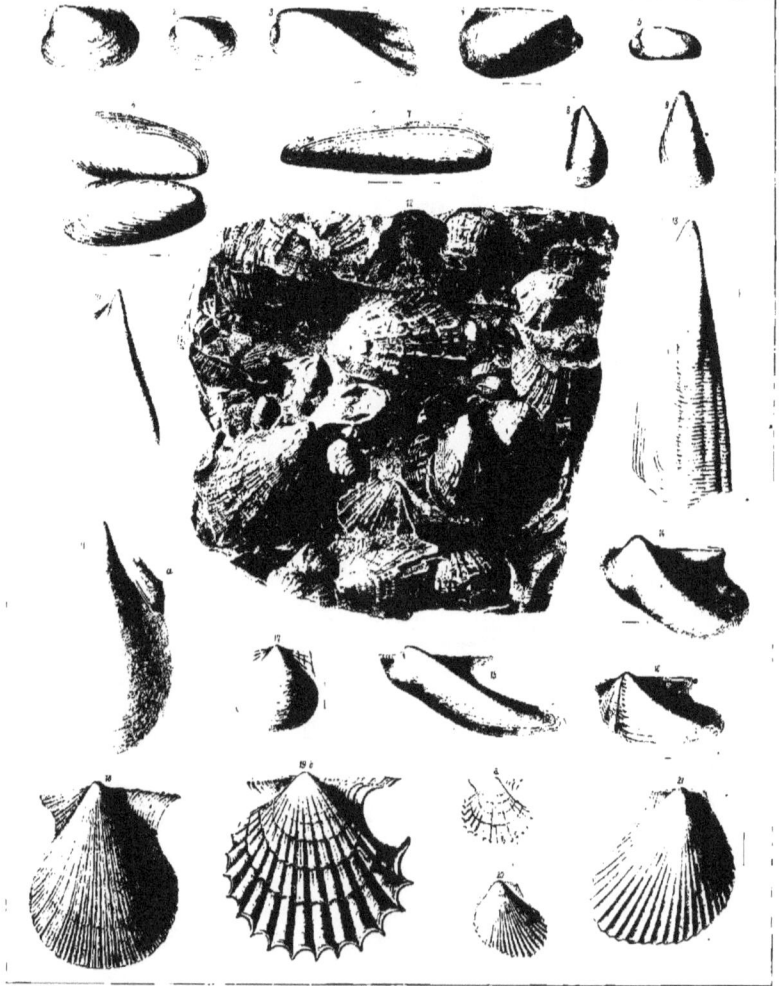

Erklärung der Tab. II.

Figur 1. *Edmondia Calhouni?* Meek & Hayden, linke Schale, vergrössert, aus C. c^{IV}. Nr. 48, von Nebraska-City. — p. 22.

Figur 2. Desgl., Steinkern der linken Schale, vergrössert, ebendaher.

Figur 3. *Clidophorus Pallasi* de Vern., Steinkern der linken Schale, vergrössert, aus B. b^{11}., von Vyoming, 7 Meilen N. von Nebraska-City. — p. 23.

Figur 4. Desgl., Steinkern der rechten Schale, vergrössert, aus C. c^{IV}. Nr. 48 von Nebraska-City. — p. 23.

Figur 5. *Clidophorus simplus* v. Keys. sp. *(Pleurophorus subcuneatus* Meek & Hayd.), aus dem Zechsteine von Kansas, nach Dana. — p. 24.

Figur 6. *Clidophorus (an Pleurophorus) occidentalis* M. & H., beide Schalen etwas vergrössert, aus C. c^{IV}. Nr. 48, von Nebraska-City. — p. 23.

Figur 7. *Clidophorus solenoides* Gein., linke Schale, vergrössert, aus C. c^{IV}. Nr. 48, von Nebraska-City. — p. 25.

Figur 8. *Aucella Hausmanni* Goldf. sp., linke Schale, aus C. c^{V}. Nr. 61, von Nebraska-City. — p. 25.

Figur 9. *Mytilus concavus?* Swallow, aus C. c^{IV}. Nr. 48, von Nebraska-City. — p. 26.

Figur 10. *Myalina perattenuata* M. & H., Steinkern der rechten Schale, aus Zechstein von Cotton wood Creek in Kansas. (K. min. Mus. Dresden.) — p. 27.

Figur 11. Desgl., Steinkern der linken Schale, ebendaher. Bei a Ueberreste der gestreiften Bandfläche.

Figur 12. *Avicula speluncaria* Schloth. sp. *(Monotis Hawni* M. & H.), aus Zechstein von Cotton wood Creek in Kansas, mit Benutzung einer Photographie auf Stein gezeichnet. (K. min. Mus. Dresden.) — p. 25.

Figur 13. *Avicula pinnaeformis* Gein., linke Schale, vergrössert, aus C. c^{IV}. Nr. 48, von Nebraska-City. — p. 31.

`Figur 14. *Gervillia parva (Bakevellia parva)* M. & H., Steinkern der linken Schale, vergrössert, aus Zechstein von Cotton wood Creek in Kansas. (K. min. Mus. Dresden). — p. 32.

`Figur 15. *Gervillia longa* Gein., linke Schale, vergrössert, aus C. c^{IV}. Nr. 48, von Nebraska-City. — p. 32.

`Figur 16. *Gervillia (an Avicula) sulcata* Gein., linke Schale, vergrössert aus C. c^{V}. Nr. 61, von Nebraska-City. — p. 33.

`Figur 17. *Pecten neglectus* Gein., linke Schale, vergrössert, aus C. c^{IV}. Nr. 48, von Nebraska-City. — p. 33.

`Figur 18. *Pecten Missouriensis?* Shumard, linke Schale, aus C. c^{V}. Nr. 61, von Nebraska-City. — p. 35.

` Figur 19. *Pecten Hawni* Gein., linke Schale, a in der wirklichen Grösse, b vergrössert, aus C. c^{IV}. Nr. 48, von Nebraska-City. — p. 36.

`Figur 20. 21. *Lima retifera?* Shum., linke Schale in der wirklichen Grösse, rechte Schale vergrössert, aus C. c^{IV}. Nr. 48, von Nebraska-City. — p. 36.

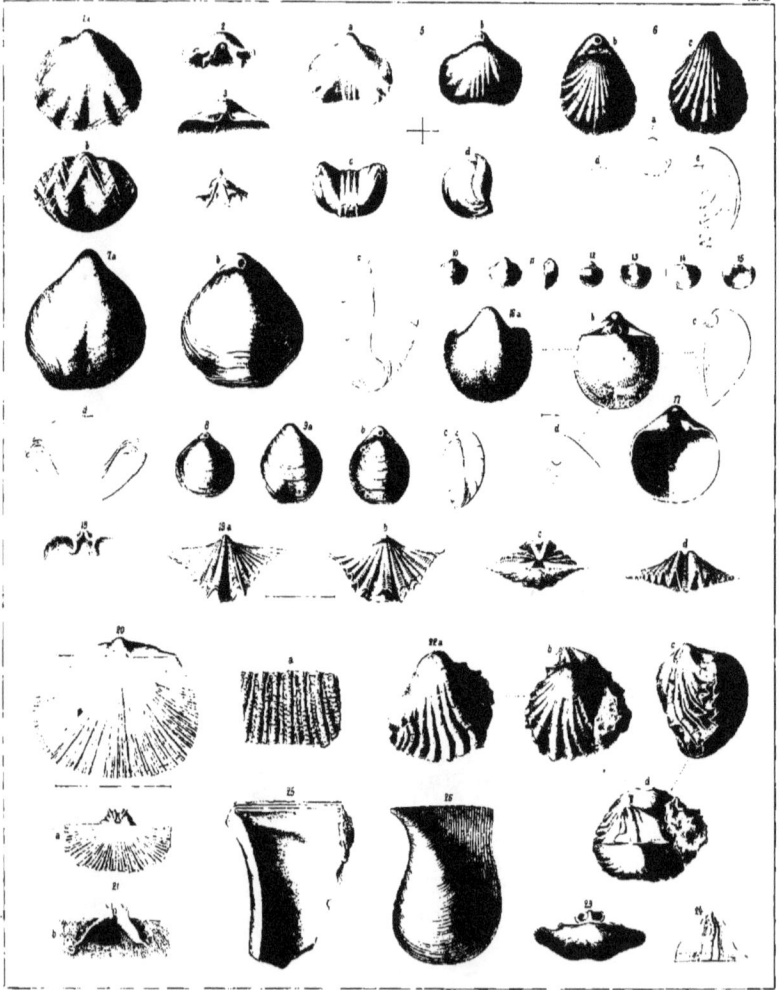

Erklärung der Tab. III.

Figur 1. *Rhynchonella angulata* L., a grössere Schale, b Stirnansicht, kleinere Schale oben, grössere unten, aus C. c^{II}. Nr. 39, von Nebraska-City. — p. 37.

Figur 2. Desgl., Schlossrand mit Schlosszähnen und der ausgefüllten Schnabelöffnung der grösseren Schale, ebendaher.

Figur 3. 4. Desgl., Bruchstücke der grösseren Schale, ebendaher. Das Deltidium ist ausgebrochen.

Figur 5. *Camarophoria globulina* Phill. sp., vergrössert, aus C$_e$ c^{II}. Nr. 39, von Nebraska-City. a grössere Schale, b Ansicht der kleineren Schale, c Stirnansicht, grössere Schale oben, d Seitenansicht. — p. 38.

Figur 6. *Retzia Mormonii* Marcon, von Plattesmouth, Nebraska. a in wirklicher Grösse, b Ansicht der kleineren, c der grösseren Schale, d Stirnansicht, grössere Schale oben, e Seitenansicht, sämmtlich vergrössert. — p. 39.

Figur 7. *Athyris subtilita* Hall, von Plattesmouth, Nebraska. a Ansicht der grösseren, b der kleineren Schale, c Seitenansicht, d Stirnansicht, grössere Schale oben. — p. 40.

Figur 8. Desgl., junges Exemplar, von der kleineren Schale gesehen, aus C. c^{II}. Nr. 38, von Nebraska-City. — p. 40.

Figur 9. Desgl., Varietät, ebendaher. a grössere Schale, b Ansicht der kleineren Schale, c Seitenansicht.

Figur 10. *Spirifer plano-convexus* Shum., aus C. c^{IV}. Nr. 48, von Nebraska-City, grössere Schale. — p. 42.

Figur 11. Desgl., ebendaher.

Figur 12. Desgl., Ansicht der kleineren Schale, aus C. c^{II}. Nr. 35, von Nebraska-City.

Figur 13. 14. Desgl., kleinere Schalen, aus C. c^{IV}. Nr. 48, von Nebraska-City.

Figur 15. Desgl., kleinere Schale von innen gesehen, ebendaher.

`Figur 16. Desgl., vergrössert. a Ansicht der grösseren, b Ansicht der kleineren Schale, c Seitenansicht, d Ansicht des Schlossrandes. Von Plattesmouth, Nebraska.

`Figur 17. Desgl., grössere Schale von innen gesehen, vergrössert, ebendaher.

`Figur 18. Desgl.. kleinere Schale von innen gesehen, vergrössert, aus C. c^{IV}. Nr. 48, von Nebraska-City.

`Figur 19. *Spirifer laminosus* Mc Coy, vergrössert, aus C. c^{II}. Nr. 38, von Nebraska - City. a Ansicht der grösseren, b der kleineren Schale, c Ansicht von der Schlossseite, die grössere Schale oben, d Stirnansicht, die grössere Schale oben. — p. 45.

`Figur 20. *Orthis crenistria* Phill. sp., wenig vergrössert, von der kleineren Schale gesehen, aus D. b. Nr. 15, von Bennett's Mill, 3 Meilen NW. von Nebraska-City. a Vergrösserung eines Schalenstückes. — p. 46.

`Figur 21. Desgl., Bruchstück einer kleineren Schale mit Schlosszähnen, vergrössert, a von aussen. b von innen gesehen, ebendaher.

`Figur 22. *Orthis striato-costata* Cox sp. *(Streptorhynchus pectiniformis* Dav.), aus dem Kohlenkalk von Crescent-City, Jowa. a Ansicht der grösseren, b der kleineren Schale, c Seitenansicht, d Ansicht von der Schlossseite, die hohe Area der grösseren Schale zeigend. — p. 48.

`Figur 23. Desgl., ebendaher, kleinere Schale mit Schlosszähnen.

`Figur 24. Desgl., die Area einer anderen grösseren Schale.

`Figur 25. *Myalina subquadrata* Shum., Bruchstück aus C. c^{V}. Nr. 55, von Nebraska-City. — p. 27.

`Figur 26. Desgl., vollständige Schale, Copie von Shumard. — p. 27.

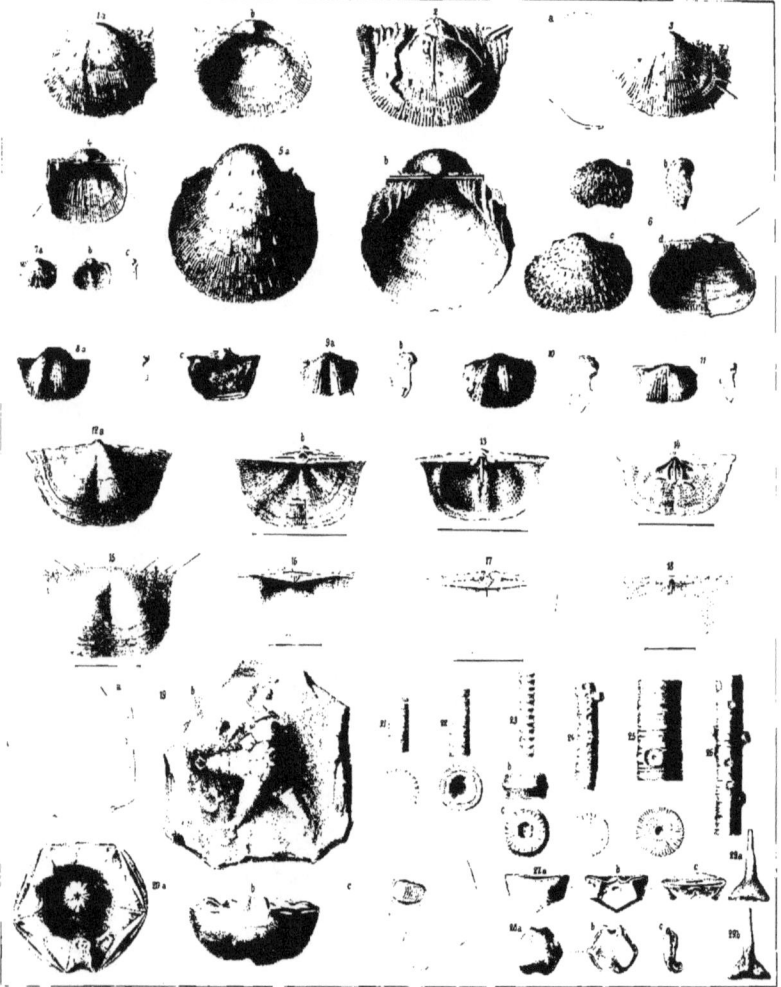

Erklärung der Tab. IV.

Figur 1. *Productus Flemingi* Sow., aus C. c^V. Nr. 58, von Nebraska-City. a grössere, b kleinere Schale. — p. 52.

Figur 2. Desgl., grössere Schale, zum Theil verbrochen, wodurch die innere Seite der kleineren Schale zum Vorschein gelangt, von Plattesmouth, Nr. 83. a Längsdurchschnitt.

Figur 3. Desgl., grössere Schale, aus C. c^V. Nr. 59, von Nebraska-City.

Figur 4. Desgl., Ansicht der kleineren Schale, ebendaher.

Figur 5. *Productus Koninckianus* de Vern., aus B. b. Nr. 9, von Bennett's Mill, Nebraska. a Ansicht der grösseren, b der kleineren Schale. — p. 53.

Figur 6. *Productus Cancrini* de Vern., aus C. c^{II}. Nr. 33, von Nebraska-City. a grössere Schale, b von der Seite gesehen, c Vergrösserung der grösseren Schale von aussen, d von innen gesehen. — p. 54.

Figur 7. *Productus horridus* Sow., aus B. b. Nr. 17, von Bennett's Mill, 3 Meilen NW. von Nebraska-City. a grössere, b kleinere Schale, c Seitenansicht. — p. 55.

Figur 8. *Productus Orbignyanus* de Kon., aus C. c^{II}. Nr. 32. von Nebraska-City. a grössere Schale, b Seitenansicht, c kleinere Schale. — p. 56.

Figur 9. Desgl., ebendaher. Grössere Schale und Seitenansicht.

Figur 10. Desgl., von Plattesmouth, Nr. 84. Grössere Schale und Seitenansicht.

Figur 11. Desgl., aus Kohlenkalk von Bellevue. Abdruck der kleineren Schale und Seitenansicht derselben.

Figur 12. *Chonetes mucronata* Meek & Hayden, von Plattesmouth, Nebraska, etwas vergrössert. a grössere Schale, b Ansicht der kleineren Schale, mit den Areen beider Schalen. — p. 58.

Figur 13. Desgl., ebendaher, etwas vergrössert, das Innere der grösseren Schale zeigend.

Figur 14. Desgl., aus B. b. Nr. 17, von Bennett's Mill, 3 Meilen NW. von Nebraska-City, wenig vergrössert, das Innere der kleineren Schale zeigend.

Figur 15. *Chonetes glabra* Gein., grössere Schale mit Stachelröhren, vergrössert, aus C. c^IV. Nr. 48, von Nebraska-City. — p. 60.

Figur 16. 17. Desgl., Ansicht der kleineren Schale mit den Areen beider Schalen, vergrössert, ebendaher.

Figur 18. Desgl., innere Seite der grösseren Schale, vergrössert, ebendaher.

Figur 19. *Cyathocrinus ramosus* Schloth. sp., aus dem unteren Zechsteine von Ilmenau in Thüringen. Kelch mit 4 Armen, a in der wirklichen Grösse, b vergrössert. (K. min. Mus. Dresden.) — p. 62.

Figur 20. *Cyathocrinus inflexus* Gein., Kelch, a von oben, b von der Seite, c von unten, aus C. c^IV. Nr. 49, von Nebraska-City. — p. 62.

Figur 21. 22. Desgl., Säulenstücken, in natürlicher Grösse, mit vergrösserter Gelenkfläche, aus C. c^II. Nr. 41, von Nebraska-City. — p. 64.

Figur 23. Desgl., Säulenstück, a in natürlicher Grösse, b vergrössert, c vergrösserte Gelenkfläche, ebendaher.

Figur 24. Crinoideen-Säule, mit vergrösserter Gelenkfläche, ebendaher. — p. 64.

Figur 25. 26. *Actinocrinus?* sp., Säulenstücken mit Gelenkflächen in natürlicher Grösse, aus B. b^VI. Nr. 30 und C. c^II. Nr. 41, von Nebraska-City. — p. 64.

Figur 27. 28. Kelchtafeln eines *Crinoiden*, aus B. b. Nr. 11, von Bennett's, Mill, Nebraska, von drei verschiedenen Seiten gesehen. — p. 65.

Figur 29. *Actinocrinus* sp., Armstachel von dem Scheitel des Kelches, von, der äusseren und inneren Seite gesehen. Aus B. b. Nr. 11, von Bennett's Mill in Nebraska.

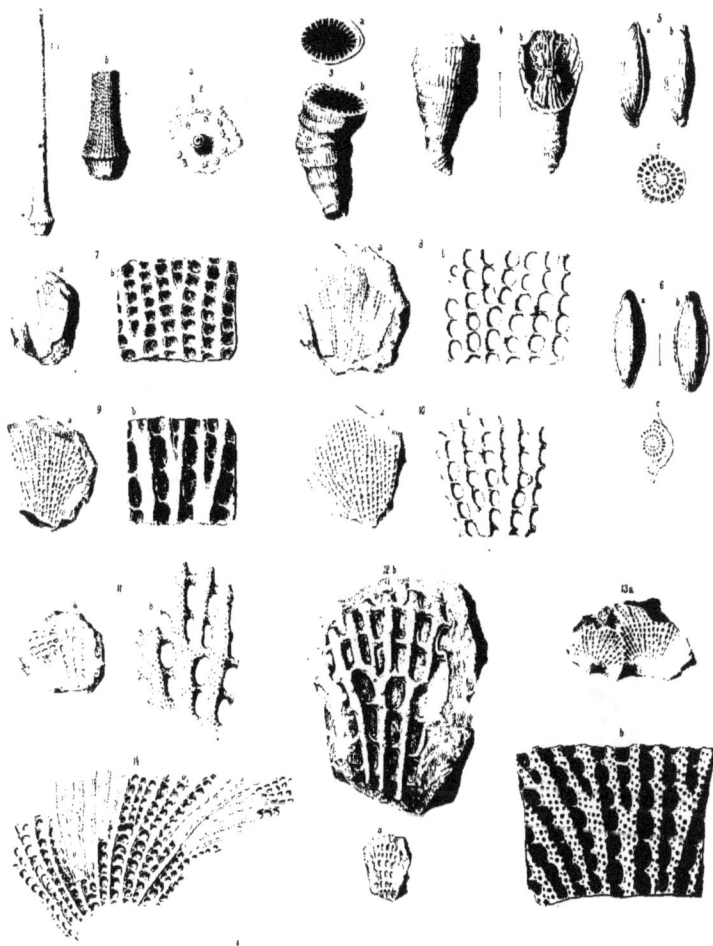

Erklärung der Tab. V.

Figur 1. *Eocidaris Hallianus* Gein., Stachel in verschiedener Vergrösserung, aus C. c^V. Nr. 60, von Nebraska-City. — p. 61.

Figur 2. Desgl., Tafel, a in natürlicher Grösse, b vergrössert, ebendaher.

Figur 3. *Cyathaxonia* sp. (cf. *C. tortuosa* Mich., von Plattesmouth, Nebraska, Nr. 89. a Ansicht der angeschliffenen Endfläche, b Längsansicht. — p. 65.

Figur 4. *Cyathaxonia* sp. (cf. *C. cornu* Mich.), vergrössert, a von aussen, b von innen gesehen, aus C. c^{II}. Nr. 42, von Nebraska-City. — p. 66.

Figur 5. *Fusulina cylindrica* Fischer, vergrössert, a, b Seitenansichten, c Querschnitt, von Plattesmouth, Nebraska, Nr. 88. — p. 71.

Figur 6. *Fusulina depressa* Fischer, vergrössert, a, b Seitenansichten, c Querschnitt, ebendaher. — p. 72.

Figur 7. *Fenestella elegantissima* Eichw., a in der wirklichen Grösse, b vergrössert, aus dem Kohlenkalke von Bellevue, Nebraska. — p. 67.

Figur 8. *Fenestella plebeja* Mc Coy, a in der wirklichen Grösse, b vergrössert, ebendaher. — p. 68.

Figur 9. *Fenestella virgosa* Eichw., a in der wirklichen Grösse, b vergrössert, ebendaher. — p. 68.

Figur 10. *Polypora papillata* Mc Coy, a in natürlicher Grösse, b vergrössert, von Plattesmouth, Nebraska, Nr. 90. — p. 69.

Figur 11. *Polypora marginata* Mc Coy, zellentragende Seite, a in natürlicher Grösse, b vergrössert, aus B. b^{II}. Nr. 4, von Vyoming in Nebraska. — p. 69.

Figur 12. Desgl., Gestreifte Seite, a in natürlicher Grösse, b vergrössert, aus C. c^{IV}. Nr. 48, von Nebraska-City.

Figur 13. *Polypora biarmica* v. Keys., a in natürlicher Grösse, b vergrössert, aus C. c^{II}. Nr. 45, von Nebraska-City. — p. 68.

Figur 14. *Synocladia virgulacea* Phill. sp., in zweifacher Vergrösserung, aus C. c^{IV}. Nr. 48, von Nebraska-City. — p. 70.

www.ingramcontent.com/pod-product-compliance
Lightning Source LLC
Chambersburg PA
CBHW031439280326
41927CB00038B/981